U0221045

理想·宅 编著

室内建材选用与施工手册

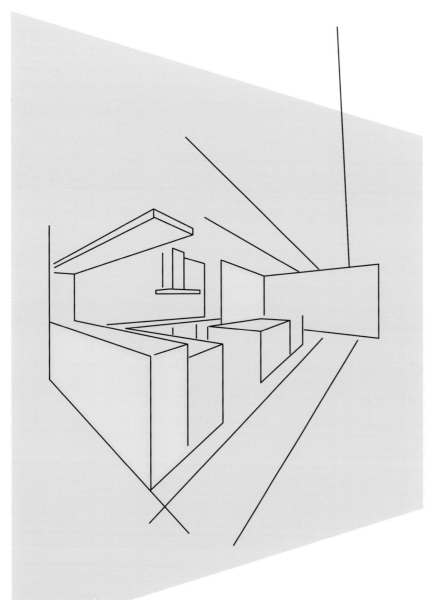

中国电力出版社
CHINA ELECTRIC POWER PRESS

内容提要

本书以室内建材的选用与施工方法为主要内容，第一章介绍了室内建材的基本常识，让读者能够充分认识室内建材；第二章至第十章选取了室内设计中较为常用的建材，包括涂料、木饰面板材、饰面石材、饰面砖、织物及软质建材、地板建材、水泥及石膏建材、装饰玻璃及金属建材，详细地介绍了它们的基础知识、施工流程及施工工艺。除此之外，书中还介绍了不同建材结合的施工效果和具体做法，力求将理论与实际运用相结合，让读者能够掌握建材的实际运用。

本书使用了大量符合时下潮流的实景图和彩色三维施工图，非常适合室内设计师、室内设计专业学生、从事家装行业的人员以及对家装感兴趣的业主阅读与参考。

图书在版编目（CIP）数据

室内建材选用与施工手册 / 理想·宅编著 . — 北京：
中国电力出版社，2023.3
ISBN 978-7-5198-7173-4

Ⅰ.①室… Ⅱ.①理… Ⅲ.①室内装修 – 装修材料 –
手册 Ⅳ.① TU56-62

中国版本图书馆 CIP 数据核字（2022）第 198464 号

出版发行：中国电力出版社
地　　址：北京市东城区北京站西街 19 号（邮政编码 100005）
网　　址：http://www.cepp.sgcc.com.cn
责任编辑：曹　巍（010-63412609）
责任校对：黄　蓓　马　宁
装帧设计：张俊霞
责任印制：杨晓东

印　　刷：北京瑞禾彩色印刷有限公司
版　　次：2023 年 3 月第一版
印　　次：2023 年 3 月第一次印刷
开　　本：889 毫米 ×1194 毫米　16 开本
印　　张：18
字　　数：540 千字
定　　价：178.00 元

前 言　　　FOREWORD

建材是室内设计方案变成现实的基石，没有建材，一切设计方案都是空谈。然而仅有建材也是不够的，还需要将其与恰当的施工手段相结合，才能达到美化室内空间和满足功能需求的目的。掌握常用建材的种类及其施工工艺，并了解不同情况下适用何种工艺，是一名优秀的设计师必备的专业技能。

本书以室内建材的选用与施工为主要内容，分十个章节具体阐述。第一章为室内建材的认知，介绍了室内建材的基础常识及建材与室内设计和施工的关系，让读者能够充分认识室内建材；第二章至第十章具体分述室内设计较为常用的建材，包括涂料、木饰面板材、饰面石材、饰面砖、织物及软质建材、地板建材、水泥及石膏建材、装饰玻璃及金属建材等，较为详细地介绍了这些建材的基本常识、施工流程及施工工艺，以及与其他建材结合的施工方法等，将理论与实际运用相结合，让读者能够切实掌握建材的实际运用。本书注重内容上的完整性和实用性，同时也运用了多样的呈现方式，比如实景图、彩色三维施工图、表格、图例等，希望以此帮助读者更轻松地阅读。本书在编写过程中参考了部分文献和资料，在此衷心表示感谢。因编写时间较短，编者能力有限，若书中尚有不足和疏漏之处，还请广大读者给予反馈意见，以便及时改正。

编者

2023 年 2 月

目　录

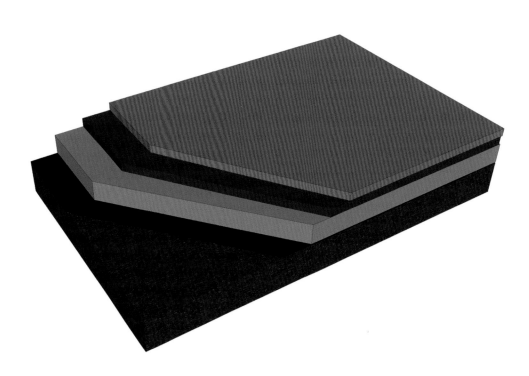

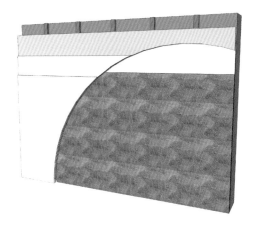

第二章

涂料

第六章

织物及软质建材

第七章

地板建材

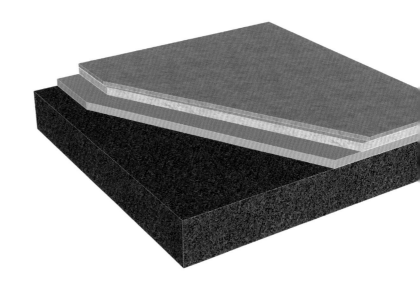

第八章

水泥及石膏建材

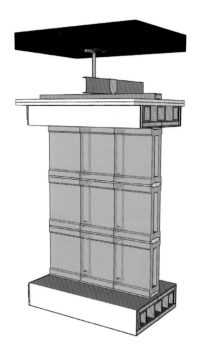

第九章

装饰玻璃

第十章

金属建材

第一章

室内建材的认知

室内设计是通过色彩和质感而被人们感知的，而这些都有赖于建材才能实现，可以说，建材是联系设计与施工的纽带。本章的主要内容为室内建材的认知，在进行室内设计之前，先了解室内建材的种类、质感、发展趋势等基础知识以及建材与室内设计和施工的关系，才能为后期的设计打下坚实的基础。

一、室内建材的基本常识

室内设计是建立在实际工程基础上的艺术设计门类，作为一个设计师，既要能"想得出来"，也要能"画得出来"，而后还要能够在实际中"做得出来"。建材是"做得出来"的基础，了解建材的常识，则是学会运用建材的第一步。

1. 室内建材的概述

起初，人们对室内空间进行装饰装修是为了满足不同的使用需求，而随着生活水平的提高，人们对室内空间的需求不再仅限于满足实际需求，对满足精神层次的美感等也提出了更高的要求。无论是满足哪一层次的需求，建材都是必不可少的基础。

1 室内设计的功能

室内设计的功能可分为两个方面：一是实用功能，主要是指满足各个空间的具体使用要求；二是精神功能，是指设计出来的室内空间要反映和体现时代精神、文化品位、技术发展等。

在室内空间中，这两种功能是并存的，只是侧重点有所不同。例如，对于以功能性为主的厂房、办公室等类型的室内空间，应以满足实用功能要求为主；而对于商业空间及居住空间，则需要在满足实用功能的同时，也满足精神功能需求，强调艺术性，将视觉和心理感受融入其中。

室内装修设计的最终目的是满足人们的功能需求和视觉美感。因此，在室内装修设计中，常常需要通过对建材和构造上的详细设计处理，从建材质地、构造造型、美学原理等多方面反映室内空间的艺术特征。同时，要善于运用建材，加强和丰富室内空间的艺术表现力，美化人们的工作和生活环境。

居住空间经设计后，不仅应能够满足各种功能需求，让使用更便捷，并且还能达到美化空间的目的，满足人们精神层面的需求

② 室内建材的含义及作用

室内建材是指用于建筑室内空间或室内构件基层与面层，主要起到保护建筑物体、装饰室内空间等作用的一系列建材。具体来说，包括铺设、粘贴或涂刷在建筑物内墙、地面、柱面、顶棚表面等上的各类建材。室内建材具有保温、隔热、防火、防潮等作用，并且能够美化建筑室内环境。

③ 室内建材设计的含义

室内建材设计并非设计新型建材或改良建材，而是指从室内空间环境的整体角度出发，以创新性思维充分运用现有各种建材，最大限度地发掘现有建材，并通过位置、搭配、形态、功能的重构，将其有机地整合到室内空间中，以彰显建材语言的独特魅力。

室内空间的顶面、墙面及地面上均覆盖着建材，通过对建材有机地设计整合，空间显得实用、美观，同时建筑物体能够得到有效的保护

4 室内建材的发展与演变

建材与世间事物一样，都有着起源和发展的过程。从整个人类的营建历史来看，室内装饰及建材的历史甚至早于建筑。

在原始时期，建材的作用非常简单，只是为了满足人们遮风避雨的需求。后来，生产力水平有所提高后，人们开始有了祭祀、审美等需求，建材的种类也随之逐渐增多，并且人们开始注重美感。从古至今，无论是以石料、青铜、铁器等天然建材为主的古代，还是以复合建材、低碳环保建材等为主的现代，建材的发展都与人类生产方式与生产力的发展息息相关，也在见证着人类文明的发展与进步。

第一阶段：狩猎采集和农耕时代
以界面装饰为空间形象特征
开放的室内形态与自然保持最大限度的交融

狩猎采集时期
粗陋的建材

农耕时期
木、土综合的基本格局逐渐形成

狩猎采集时期

这个时期的人工环境非常原始，基本上处在与自然环境共融的状态，建材的使用十分简陋。人类能够制造和使用工具之后，开始以浪漫的想象和奇异的图案装饰自身和环境。例如，岩壁上的绘画就是人类栖身于洞穴时的室内装饰，置放于地面的彩绘陶罐是最初建筑样式"人"字形护棚穴居的装饰器物。而早期居住在洞穴里的人们，为了让地面更加坚固耐用，会用各种石材铺其于上。马赛克就是在这一基础上衍生发展起来的。

农耕时期

至农耕时期，建筑无论是比例、尺度还是细部的装饰设计，都达到了较高的水平，人类对于室内建材地运用也日渐娴熟。

西方各国所使用的建材多为石材，石构造建筑以墙体作为结构及装饰载体，从而发展出西方建筑以柱式与拱券为基础要素的装饰体系。而木构造建筑以框架作为结构装饰的载体，从而演变出东方建筑以梁架变化为内容，以土、木为主要建材的装饰体系，形成顶棚藻井与斗拱、隔扇、梁、柱、罩、架、格等特殊的装饰构件。

我国在夏朝至春秋战国时期，木、土综合运用的格局就已经基本形成，其也贯穿了整个农耕时期。夯土筑台、土坯墙体与木构的混合，也逐步成为中国早期建筑的主要特色。与夯筑地面几乎同时出现的，还有砖地面、涂漆地面，其中木板地面、毛毡/席地面在春秋战国之前就已应用，改善了室内外地面做法不分的缺陷。

可见，此时的建筑或人工环境，在促进人类社会向前发展的同时，基本上做到了与自然环境共融共生。

室内建材的发展与演变

第二阶段：工业化时期
以空间设计作为整体形象表现
自我运行的人工环境系统造就了封闭的室内空间形态

第三阶段：未来时代
以科技为先导，真正实现室内绿色设计
满足人类物质与精神需求高度统一的空间形态

钢筋混凝土框架结构、钢材、玻璃
广泛应用

科学技术的进步为人造建材发展提供了可能性，建材
的运用将更趋向于多元和理性

工业化时代

在工业化时代，手工制作基本被机器所取代，建筑空间的功能需求也日趋复杂，农耕时代原有的传统建筑形式已很难适应新的功能要求。

20世纪中叶以来，钢筋混凝土框架结构、钢材、玻璃的广泛应用，为室内空间的拓展提供了更大的自由度，使空间的划分和流动在技术层面上变成了可能，打破了农耕时代传统建筑较为呆板的空间布局，创造出功能实用、造型简洁的建筑样式，从而促进了现代室内设计的诞生。

这时，建材的批量生产与加工也为改善人们的生存环境提供了充分的技术条件，不但产生了一个全新的室内设计专业，而且在设计理念和建材运用方面也发生了很大的变化。

未来时代

当下，我们面临着一个千变万化、丰富多彩的建材世界，科学技术为人造建材发展的多元化、多样性提供了可能性，无论是石材、木材、泥土类的天然建材的进一步加工和改良，还是现代的金属、玻璃、复合建材等，都在各自的岗位上"建功立业"，为室内空间、建材的设计与应用提供了丰厚的物质基础。而随着新时代建筑的构件装配化，室内空间的样式也必定会出现"一步到位"的趋势，装修的概念会越来越弱化，建材的运用更趋向于多元和理性。

2. 室内建材的种类

室内建材的种类繁多，根据标准不同，有多种分类方式。建材的具体种类细分起来相当丰富。建材设计的目的是展现建材自身的魅力，并将不同建材在设计中整合成一个和谐的有机整体。下面介绍几种常见的建材分类方式。

1 按主材和辅料分类

主材指使用量较大的地砖、乳胶漆等；主材以外的所有建材均可看作辅料，如钉子、水电管线等。

主材和辅料的种类

名称	涵盖建材
主材	石材、瓷砖、乳胶漆、木器漆、涂料、木地板、集成或定制的背景墙、集成吊顶建材、壁纸、墙布、整体橱柜、定制柜、定制门窗、洁具和卫浴设备等
辅料	水电建材、木工板、陶土砖、石膏板、钉子、胶黏剂、水泥、沙子、腻子粉、石膏粉等

2 按建材的材质分类

此种分类方式大致可分为以下3种类型。

无机建材：如天然石材、陶瓷、玻璃、不锈钢等。

有机建材：如木材、有机塑料、有机涂料等。

复合建材：如人造大理石、铝塑板、真石漆等。

3 按建材形态分类

按形态来分类，可分为5种类型。

室内建材的形态分类

名称	涵盖建材
板材	一般指石板材、木质基层板或装饰板、金属板、复合装饰板、瓷砖、玻璃等，有时将片材也归于此类
块材	主要指各类砖材，具有一定体积感的石材、木材等
卷材	主要有地毯、壁纸、织物、膜材等
线材	指各类线性建材及型材，如木质线条、金属装饰线条和结构型材、石膏线条等
涂料	由于涂料呈液体状态，其形态只能随所附着物体而呈现

④ 按装修构造分类

通常人们关注的建材多为能够看得见且起到美观作用的饰面建材，而在整个室内装修过程中还需要使用一些基层建材和辅助建材，它们多用于底层，因而容易被忽略，而工程的质量往往取决于此类建材。所以，无论是设备功能方面、结构方面，还是防火方面、环保方面，都应该对这些隐蔽部位的基层建材或辅助建材予以足够重视。

饰面建材：包括板材、块材、卷材、涂料等。

基层建材：又称为"基材"，包括龙骨、垫层、配件等建材。

辅助建材：黏结剂、防水剂、防火剂、保温材料、吸声建材、螺钉及五金等。

⑤ 按使用部位分类

通常来说，室内有三大界面，即墙面、地面和顶面。界面不同，所适用的建材也不同，但是有些建材可以墙顶通用或墙地通用，例如部分石膏板、大理石等。

室内建材的使用部位分类

名称	涵盖建材
墙面建材	一般包括涂料、砂浆及清水混凝土、壁纸及墙布、木质饰面板、吸声板、天然及人造石材、瓷砖及马赛克、玻璃、镜面及亚克力、织物及软包、金属及合成建材等
地面建材	包含涂料、地毯、石材及陶瓷地砖、实木及复合地板、金属及夹层玻璃等
顶面建材	包括涂料及轻钢龙骨石膏板、砂浆及清水混凝土、木质饰面板、PVC板、铝扣板、铝方通、铝垂页、木丝板、矿棉吸声板、软膜、玻璃、壁纸、GRG等

⑥ 按照施工步骤分类

室内装修的总体步骤可分为：水电改造、泥瓦施工、木作施工、涂料施工等，每个步骤需要的建材不同，如下表所示。

室内装修每一步需要的建材种类

项目名称	涵盖建材
水电改造	电线及套管、底盒、开关插座、漏电保护器、灯具；给水管及配件、排水管及配件、卫浴洁具等
泥瓦施工	水泥、沙子、砖、钉子、腻子粉、胶黏剂、陶瓷砖、石材、踢脚线等
木作施工	石膏板、铝扣板、龙骨、玻璃、板材、门吸等五金建材、皮革等软包建材、各种线条、地板、地毯、门窗、橱柜建材等
涂料施工	乳胶漆、木器漆、涂料、壁纸壁布等

3. 室内建材的质感

在室内空间中，能够作用于视觉效果的元素主要有造型、色彩、材质及光影等。而不同的建材因为组织结构的不同，表面会呈现出不同的质地，除了影响人的视觉，还会影响人的触觉，产生不同的综合性感觉。建材的质感即人对建材表皮的肌理形成的视觉、触觉感知，是一种比较主观的感受。

① 室内建材质感与心理感受

每种建材都具有独特的属性，所以呈现出来的质感也不同，如软硬、松紧、粗糙、细腻等。例如，石头、金属和玻璃源头相同，从属性上来讲可划为一类，它们的质感以沉重的性情和密实的实体为主；混凝土因其较强的可塑性，而呈现出多变的质感，可粗犷可细腻，可阳刚也可阴柔；金属材质则因为机器和人工的痕迹而具有坚硬的质地。

总而言之，质感是物体特有的色彩、光泽、表面形态、纹理、透明度等多种因素综合表现的结果，来自人类的生活经验，对不同建材的质感积累了不同的感觉。

② 室内建材质感的分类

建材的质感是表现在表层上的，是可以改变的。例如，在金属表面粘贴一层木皮，金属的冷硬感就会被覆盖，而转变成木材的质感。因此，结合建材自身的构成特性，可以将质感分为天然质感和人工质感两种类型。

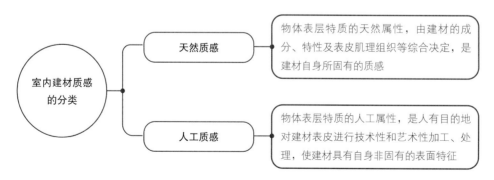

室内建材质感的分类
天然质感 —— 物体表层特质的天然属性，由建材的成分、特性及表皮肌理组织等综合决定，是建材自身所固有的质感
人工质感 —— 物体表层特质的人工属性，是人有目的地对建材表皮进行技术性和艺术性加工、处理，使建材具有自身非固有的表面特征

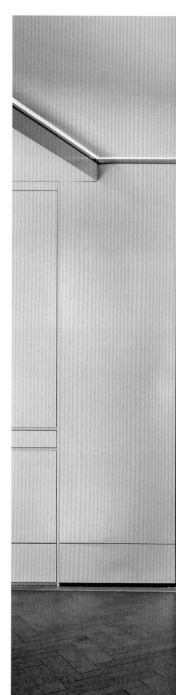

质感会对人的心理产生影响，给人不同的感受，如木材、石材、皮革的质感通常给人以质朴、舒适的心理感受；而玻璃、水泥、钢材的质感，一般给人以坚硬、冰冷的心理感受。这些心理感受，可以更好地引导人们深刻地认识和运用不同材质的建材

如今，生活节奏加快，人们普遍追求效率，复合建材在室内的应用频率越来越高，例如本案中餐厅所使用的餐边柜直接使用了贴面板、无须再进行涂饰，可以节省施工时间、提升施工效率，施工现场更整洁

4. 室内建材的发展趋势

人们生活水平的提高和科技的进步推动着建材工业的迅速发展，各种新型的室内建材被不断推向市场，除此之外，建材的规格、纹理等也产生了一系列变化。目前，我国的室内建材发展趋势可以概括为以下 5 个方面。

① 向复合建材方向发展

高分子复合建材是指由高分子与另外不同组成、不同形状、不同性质的物质复合而成的多相建材，其最大优点是博各种建材之长，如强度高、质轻、耐温、耐腐蚀、防水、绝热、绝缘、无毒等性质。例如，在制作家具时，使用高分子面板进行贴面比使用油漆饰面施工更加简单、快捷、环保，且花色更多、光泽感强，所以装饰性更佳，并且高分子面板具有强度高、防水等性能，更容易清洁。

② 向多功能方面发展

具有多功能的建材，可以仅靠单一产品就能够解决两种或多种问题，能够减少建材的叠加厚度，提高产品的使用价值，并且为设计带来更多的可能性。目前常用的多功能建材有中空玻璃、夹层玻璃、热反射玻璃等，它们不但能调节室内光线，还能调节室内空气，节约能源，又如各种发泡型 / 泡沫型吸声板，不仅能够做饰面用，还能够降低噪声。

③ 向绿色环保方向发展

胶黏剂、涂料、合成板材等建材，通常含有有毒有害的物质，可能会污染室内环境，长期吸入含有有害物质的空气会严重危害人的健康。因此，人们越来越重视建材的环保性，绿色建材逐渐成为市场主流。特别是挥发物含量较多的漆类建材，当前是环保建材的主场，现在市面上出现了很多不含甲醛的环保无毒墙面漆和木器漆，有些甚至宣称可以刷完就入住。新型的无毒漆越来越受到人们的欢迎，室内装修中的运用也越来越普遍。

④ 向大规格、高精度发展

向此种方向发展的建材主要是陶瓷砖，以往的陶瓷墙、地砖以小尺寸为主，同等面积下所耗费的施工时间要比大尺寸的长，施工效果不如大规格的美观，结合以往的瓷砖发展史来看，陶瓷砖会向大规格、高精度和薄型发展。目前，国外的瓷砖最大可达2000mm×2000mm，尺寸较大，并且精度很高，幅面的长度尺寸精度为0.2%，直角度为0.1%。

⑤ 向规范化、系列化发展

室内建材的种类多，并且产品研发速度快，涉及的专业性非常强，具有跨行业、跨部门、跨地区的特点，在产品的规范化、系列化方面存在一定的难度。我国的建筑装饰行业目前已经形成了较为规范标准的工业体系，但是，还有部分建材尚未形成规范化和系列化，在这方面仍有发展的空间。

在开阔或足够明亮的室内空间中，大规格、大尺寸的墙砖/地砖，与小规格尺寸的同类建材相比，更大气、简洁

5. 室内建材的视觉特性

室内环境的氛围是人们感觉上的一种综合感知，而在所有的感官中，视觉对于室内空间形象的判断是最直接、最敏感的，所以对于室内环境空间体验的首要印象是由视觉来完成的。因此，在进行室内设计时，要将人的视觉感受作为首要要素进行考虑。而构成空间的形态主体是建材，在打造视觉效果的时候，就需要了解其视觉特性，建材表层的视觉特性除了上面提到的质地外，还包括颜色、光泽、纹样、肌理及形态等方面。

1 色彩

人眼对色彩的感知是最为敏感的，色彩可说是艺术设计领域中的第一视觉要素。每一种建材均有其自身的固有色，这些色彩不仅影响人们对于空间的视觉感知，还会对人们的生理和心理感受产生影响。建材的色彩一般呈现两种状态：第一种是其自身具有的天然本色，是不需要任何加工处理而呈现出的本质状态；第二种是改变后的色彩，是根据设计的需要对建材进行技术处理后呈现出的色彩。

在运用建材进行设计时，色彩是形成室内整体色彩组合的重要基础，因此，需结合室内的空间设计、色彩设计、光环境设计等进行选择，同时，还要考虑色彩的搭配问题，如色相的对比、冷暖的对比、补色的对比、色域面积大小的对比等，这样才能使建材的色彩得以充分显现。

色彩是人眼最为敏感的设计要素，客厅以对比色的建材做搭配，充分彰显个性，即使没有复杂的造型，也会不显得单调、乏味

壁纸、地毯上的纹样均为人造纹样，在选择纹样类型时，由于壁纸所在的墙面是背景墙，所以选择的是具象的、醒目的纹样；地毯上的纹样属于辅助性纹样，所以选择了抽象的类型，这样既能够丰富层次，又不会喧宾夺主

② 纹样

纹样指的是建材表面的平面纹饰，常见的纹样有水纹、云纹、木纹、石纹、毛皮纹、几何纹等。建材的纹样可以分为天然纹样和人造纹样两种类型，天然石材、木材上的纹样即为天然纹样，壁纸、彩釉砖、地毯上的纹样则为人造纹样。对于不同种类的建材，其纹样也有不同的要求，以达到一定的装饰目的。

③ 光泽

光泽是建材的视觉特性中重要性仅次于色彩的一种。当光线照射到非透明的物体上时，光线的一部分被反射，一部分被吸收，被反射的部分光线会因为反射性质的不同而形成不同的光泽。反射可分为"镜面反射"和"漫反射"两种类型，发生镜面反射是建材产生高光泽度的主要因素。

如果建材是透明或者半透明的，照射到表面的光线中一小部分被反射或被吸收，剩余的大部分光线会透射过去。既能透光又能透视的物体为"透明体"，如透明的玻璃；只能透光而不能透视的物体则为"半透明体"，如磨砂玻璃和压花玻璃等。除此之外，一些特殊的石材也具有一定的透光性。

镜面玻璃因形成"镜面反射"而具有极高的光泽度，具有扩大空间感的视觉效应

4 肌理

肌理指的是建材表面的纹理，是建材的一种表面特征。肌理是质地的形式要素，能够让建材的质地体现得更为具体、形象。按物理表象，肌理可分为视觉肌理与触觉肌理两种类型。视觉肌理主要体现为色彩感觉、光泽强弱、纹理形状等视觉因素带来的心理反映；触觉肌理主要体现在平滑粗糙、疏松密实，温暖冰冷等触觉因素形成的生理与心理感觉。在视觉与触觉的共同作用下，建材肌理现出丰富多彩的表现形态，给人带来多样的视觉感受和心理体验。

通常情况下，一个室内空间中不会仅使用一种建材，往往将不同肌理的建材通过拼贴、调和、对比来产生各种不同的视觉效果。除了建材本身的天然肌理外，通过改变其组合形态、色彩等，还可以制造出全新的人工肌理。例如，在质地不变的情况下，改变水泥饰面的纹理走向，视觉的肌理即可变得流畅、柔软；利用木质模板即可以让混凝土饰面形成细腻、自然的视觉表情。将建材进行合理组合，会使室内设计具有不同的表现力。

不同建材的肌理是不同的，如墙面石材和壁布的肌理是平滑的，地毯的肌理带有粗糙感，而金属的肌理则是细腻的，多种肌理的组合形成了对比，极大地丰富了室内设计的表现力

⑤ 形状和尺寸

在所有类型的建材中，只有卷材的形状和尺寸是通过切割确定的，其余建材的形状和尺寸多为固定的，这样的设计便于将建材组织成各种图案和纹样，以合理的比例和尺度关系体现于空间中，塑造出丰富的视觉表情。

在室内设计中，完成建材的选择只是迈出建材设计的一小步，衡量好建材的形状和尺寸与空间的比例、尺度的统一和协调才是建材设计的重中之重。即使选择的建材符合设计需求，但是如果衡量不好其形状和尺寸，也会让人觉得不够美观。例如，在面积较小的空间中使用大规格的建材，会给人一种很拥挤的感受；而在大面积的空间中使用小规格的建材，则会显得有些琐碎。因此，在运用建材时，要善于将其与空间中的各要素做好比较，通过审视、感知、评判来表现出舒适、协调的比例和尺度。

6. 室内建材的环保特性

室内设计属于环境艺术设计的一种，协调的是人与人以及人与环境之间的关系。近年来，随着环境污染的不断加剧，"绿色设计"越来越受到人们的重视。"绿色设计"也称之为生态设计，使用的材料应充分考虑对人的安全性；另外，材料的节能性和生态性也十分重要，最好为可再生材料，易降解材料或易于回收的材料。

① 绿色建材的含义

绿色建材一般是指采用清洁生产技术，不用或少用天然资源和能源，大量使用工农业或城市固态废弃物生产的，无毒害、无污染、无放射性，并且达到使用周期后可回收利用，有利于环境保护和人体健康的建材。绿色建材的理念围绕原料采用、产品制造、使用和废弃物处理四个环节，以实现对生态环境负荷最小和有利于人类健康为两大宗旨，目的是达到健康、环保、安全、优质。

② 绿色建材环保性的体现

只有利用绿色技术的发展、绿色建材的生产、环境综合治理等，在带来更好的环境效果的同时，促进建材向全面绿色化转变，才能最终真正实现室内环境的"绿色设计"。但需要注意的是，想要全面实现绿色建材，不仅要关注建材本身，还要关注前期生产中的环保性。具体体现在以下几点。

首先，应保证建筑材料在其采集过程中不会对环境或生态造成破坏。

其次，生产过程中所产生的废水、废渣、废气须符合环保要求，并且生产加工、运输过程中的能耗应尽可能少。

最后，使用过程中的功能齐备（如隔热保温性能好、隔声性能好、使用寿命长等），且健康、卫生、安全、无有害气体、无有害放射性等。在建材的使用寿命终结以后（即废弃时），不会造成二次污染，并仍能够进行再利用。

二、建材与室内设计和施工的关系

如果室内设计师仅注重方案的设计，而忽略了建材和施工的相关知识，一切都将是"纸上谈兵"，建材与施工是室内设计方案与实际工程之间的桥梁。室内装饰工程的预算、报价以及在与客户交流的过程中，无时无刻都需要用到建材和施工知识。

1. 建材对室内设计的影响

室内设计的目的并不是要创造出凌驾于自然环境之上的人工物体，实际上，室内设计与乐团指挥或电影导演的工作十分类似，其设计方法需要在众多的建材中进行选择，其工作主体是协调室内设计的各种元素。建材在室内设计中十分重要且无可替代。

① 建材是室内设计工程的物质基础

室内设计是集空间风格、构造形式、建材品种与性能、先进工艺与设备，以及人们的环境意识、美学心理、生理特征等多种因素于一体的综合性专业，而建材可以说是室内设计工程的物质基础。在室内设计和施工中，装修建材的选择、构造的适用及施工工艺的规范化三者是密切相关的。并且，室内设计的发展也与建材的发展密切相关，正是由于大量新型建材的出现，推动了室内设计的发展，并使之成为相对独立的、带有专业性和综合性的学科。

室内建材的品种、质量、规格、以及视觉、肌理、心理、尺度、色彩等元素，均会对室内空间设计的质量、使用功能和艺术美感产生重要影响

餐厅空间的墙面和地面将大理石作为主要建材，其价格比普通瓷砖更高一些，且施工难度大，所以整体造价较高；并且设计师选择了拼花设计，工艺更加复杂，建材的损耗率有所提升，建材的用量有所增加

② 建材影响室内设计工程的造价和质量

在室内设计工程中，所选择建材的种类、构造及工艺，都会影响建材用量、工程造价及工程质量。

在室内设计的创意理念已经确立的前提下，通常设计师会先确定空间的造型语言，然后再选择适当的建材和合理的构造方式；但是，有时也可反过来，针对建材的特性及技术条件来构想形式、强化设计概念。

可以说，一个优秀的室内设计作品应是建材、构造与空间的有机统一。

2. 建材对空间整体的感知作用

人对室内空间的感知主要通过室内界面和陈设来实现，是视觉、触觉、听觉、嗅觉、味觉等生理体验及相应的心理感受的综合结果。

1 感觉印象

接触一个空间时，人们对空间整体的第一感知来自"直觉"，通过大脑的判断而形成第一印象，即"感觉印象"。"直觉"指的是把室内环境构成的个别属性（形、色、材、光、虚实、比例尺度等），送到大脑的一种直接反映。室内审美中所有较高级、较复杂的心理形式与心理过程都是在此基础上产生的。

在人的所有感觉中，视觉是获得信息最为直接、敏感的，通常情况下，人获得的信息有 80% 来自视觉，所以人的直觉也多来自视觉方面的体验，也正是因为有了视觉，人才能感觉各种物体的形状、色彩、肌理、明度。

除了正常感受外，人的视觉感受还存在视错觉现象。室内设计中，用对比或夸张手法对室内的形体、色彩、线条、材质等进行组合时，就会使人的视觉感知产生错觉。例如，在高大的空间墙面或顶面使用深颜色的建材能够减少空旷感等。在进行室内设计时，善用视错觉现象，即可达到弱化空间缺陷的目的。

深色墙面在视觉上有缩小的效果，能够有效减少高大空间的空旷感

跃层空间的顶面使用木质建材，压低了视觉高度，减弱了空间的寂寥感

卧室的主要功能是睡眠，属于居住空间
中对舒适感要求较高的区域，多使用触
感较为舒适的建材，以避免产生冷感，
即使色彩是无色系，也不会让人产生畏
缩的感觉

② 触觉环境

在室内设计中，触觉与视觉是同等重要的。通过接触物
体，人们可以感知物体的材质与所处的环境，产生相应的情
感。因此，在室内设计中要特别关注建材触感方面的选择，具
体包括以下两个方面。

第一，选择体感好的建材。当室内温度较低时，如果人体
触碰如瓷砖、玻璃等较为冷硬的建材就会感觉冷，而产生畏缩
感；若触摸到的是布料、绒毛等柔软的建材，就会感觉温暖，
而产生舒展感。这是因为人的皮肤上分布有"冷点"和"热
点"的组织，它们对周围的温度敏感度较强，使人产生了冷或
热的感觉。在选择建材时要充分考虑到人的体感，但是，有时
候有相应感觉的建材并不一定适合在某些功能的空间内使用，
例如，浴室墙面不适合使用布料。这时，则可以从心理层面来
选择建材，使人在视觉上产生温馨之感。

第二，关注建材的静电问题。强烈的静电会产生火花，对
人体具有一定的危害。为了避免产生静电问题，首先要关注的
是地面建材，例如，羊毛和尼龙地毯在空气干燥时会产生大量
的静电，而且容易放电，在比较干燥的北方，需尽量避免选择
此类地材。

③ 空间知觉

所谓"空间知觉"，就是以感觉印象为基础，通过大脑的选择、加工、抽象而做出对室内整体的综合体验。

人对空间的知觉以各种感觉印象为基础，但其并不是诸多感觉印象简单的叠加，而是大大超过感觉印象之和。这是因为人的大脑产生了空间知觉，并由于人的知觉具有知觉抽象、直觉整体性及知觉序列性等心理机能，逐次产生了室内环境诸构成要素的方位与立体、形状与比例、距离与层次等空间景观，形成了人对空间与所能见到的局部完全不同的完整形象，即知觉的整体性。

可见，人的知觉总是最先关注整体，并通过知觉序列逐步审视、体验室内空间的局部及细节。这就要求在进行室内设计时不但要注重室内空间整体的视觉设计，还要注重局部细节的设计，形成从整体到局部、从局部到细部，又从细部回到整体的统一关系，使其中的每个部分都彼此呼应，建立合理的关联性，使材质之美得到合理展现。

室内环境中，什么是人们可以接受的，什么是不能接受的，也是设计师需要关注的问题。为室内环境设计确定适用于人的标准，有助于根据人的特点去选择建材，创造适宜的室内环境。

④ 人与室内环境

环境与人是相互依存、息息相关的，通常来说，人们大部分的时间都在室内环境中，室内环境对人的影响是最为直接的，良好的室内环境会让人感到愉悦，拥有健康的身体和心理。

对人产生影响的室内环境因素包括以下四类：一是物理环境，包括声、光、热等因素；二是化学环境，即各种化学物质对人的影响；三是生物环境，即各种动植物及微生物对人的影响；四是其他环境，如人文因素等。这些环境均在建材的支撑之下才能够形成，如果在室内设计或选择建材时，忽略了人的适应能力或者设计超过了人的适应限度，最终会给居住者带来不适，甚至导致疾病。

3. 室内设计中建材选用的关键点

人们对室内环境进行设计和装饰装修，是为了营造一个具有自然、和谐、舒适氛围的居住空间，在使用时有便捷、舒适及精神上的愉悦感受。运用建材进行设计时，其色彩、质感、触感、光泽等的合理选用，能够起到改善空间环境的作用。一般来说，建材的选用应综合考虑以下 6 个关键点。

① 从使用功能与装饰部位考虑

不同类型的室内空间，如酒店、医院、办公楼、住宅等，其功能是不同的，而一个室内空间的不同区域，如玄关、餐厅、厨房、浴室、卫生间等，功能也是不同的。所以在进行室内设计时，对建材的选用就会有所不同。另外，装修部位不同，对所用建材的要求也不同，例如，地面需要耐磨性高一些，而顶面则无须考虑磨损的问题。

卫生间内常有水汽，比较潮湿，选择面层较为光滑的建材，如大理石、瓷砖等，更易于清洁。但是如果光滑质感的建材过多容易让人感觉冷硬，因此，洗漱柜选择防潮处理良好的木质建材，可增加一些温馨感

② 从地域和自然因素考虑

我国幅员辽阔，不同地域具有不同的地理环境，所以在选用建材时，还需要考虑地域和自然因素。石材地面会使散热加快且触感冷硬，如果用在寒冷时间较长的北方，容易让冷感加剧，所以北方地区更建议采用木地板、合成纤维地毯等建材装饰地面，它们的热传导性低，会使人有暖和、舒适之感；反之，炎热时间较长的南方，则应选用有"冷感"的建材。但是这也并非绝对，需要结合实际情况进行考虑。

室内大量使用如大理石、镜面玻璃等具有"冷感"的建材，能够让空间整体更具清爽感，这样的设计比较适合炎热时间较长的南方地区

③ 从场所与空间尺度考虑

室内空间中，建材的选用还需要考虑与空间尺度或人的协调性。例如，在宽大的影剧院内，可采用表面组织粗犷并有突出的立体感的建材；在相对宽敞的空间中，可采用较大图案或比例的建材；而小面积的空间中，则宜选用质感细腻、规格较小或能够扩大空间感的建材。

别墅空间的客厅较为宽敞，地面使用图案较为突出的大理石和地毯，具有扩张感，可以缩小空间的视觉面积

民宿过道的部分顶面选择用玻璃做装饰，考虑到保温隔热的问题，可选用隔热玻璃

在人员较多的办公室中，滚轮椅来回滚动容易出现噪声，因此地面选择具有吸声作用的建材

④ 从标准与功能考虑

室内建材的选用还应考虑建筑的标准与功能要求。例如，宾馆、饭店等场所，应考虑其等级区别，基于不同的级别不同程度地显示出其装饰的豪华、富丽堂皇等气氛，因此，选用的装饰建材也应有所区别。又如，在大部分现代建筑中，空调是必不可少的设施，为适应空调安装等需求，需要选用具有保温隔热功能的建材：墙面用泡沫型壁纸，玻璃用隔热玻璃等。而在影剧院、会议室等室内空间中，则需要采用吸声装饰建材。总之，如果室内空间对声、热，防水、防潮、防火等有不同的要求，在选用建材时应将其考虑在内。

⑤ 从人文特征考虑

在选用室内建材时，建议尽可能多地考虑使用当地建材。这样做，既可以减少运输成本和排污量，又能够展现地域特色和人文特征，并且，从施工方面来讲，本地的工人对于本地建材的施工方法也更为熟悉，由此可以提升工程质量和施工速度。

⑥ 从经济角度考虑

从经济角度考虑建材的选用，并不是指一味选择价格低廉的建材，而是要从长远角度来考虑。选择价格低但质量无保证的建材，当下可能节省了一些费用，但后期可能面临无限的维修问题，总体来说反而价格要更高。因此，选用建材时首先要考虑质量问题，尽量选用高标准的建材，以延长使用年限来保证总体上的经济性。例如，在浴室装修中，防水措施极为重要，对此应适当加大投资，选择高耐水性建材。

拓展知识

避免建材设计中的误区

价格决定一切，进口优于国产

建材的价格与档次之间确实有一定的关系，但是，建材的运用效果主要取决于设计师，如果设计统筹得不好，建材之间的搭配处理得不好，就算使用价格再高的建材也未必可以获得好的装饰效果。同理，进口的建材也并非就比国产的要好。

盲目追求高档，无视整体效果

近年来，室内设计行业的迅猛发展，让一些设计师的心态开始失衡，盲目追求高档，无视整体设计效果。尤其是在建材的选用上，有些设计师总是认为高档的建材才能装饰出高档的效果，一味追求流行趋势，毫无逻辑、不分场合地使用"高档""时尚"的建材堆砌空间。实际上，他们在不知不觉中已经陷入了建材选用的误区，对建材的选择缺乏准确的定位，迷失了方向。

重视饰面建材，忽视基层建材

由于饰面建材位于表层，与室内装饰效果有直接关系，所以获得的关注要多于基层建材。然而，基层建材就像房子的地基一样，如果地基不牢固，房子建造再漂亮其质量也堪忧。因此，作为设计师，不仅要关注饰面建材质量，更应关注基层骨架建材对设计和施工内在质量的影响。

天然建材必然优于人造建材

天然建材具有自然、多变的纹理和色彩，具有独特的装饰效果，所以有些人认为此类建材必然优于人造建材。其实这种想法是比较片面的，天然建材有其独到之处，而人造建材也具有天然建材所不具备的特点和优势。例如，在石材之中，人造石材的色差就小于天然石材，且其机械强度高、制作成型后无缝隙，这些特性都是天然石材所不具备的。所以，对建材的选择和使用，应理性、客观地认真分析和判断。

4. 室内建材样板的作用

建材样板选择的是室内工程中具有代表性的建材，呈现的是建材的真实效果，对室内设计的最终实施起着先期预定的作用，它既作用于设计师、委托方（或甲方），又作用于工程施工方。其作用可概括为以下几点。

① 辅助设计

建材选样属于设计工作的一部分，其并不是在设计完成后工程实施前才开始进行考虑，而是贯穿于整个设计过程中，起到辅助设计的作用。设计师需结合设计要求，对建材市场进行全面了解，并对每种建材的特性、色彩及各项技术参数进行分析，而后从中选用适合的建材种类。

② 辅助概预算

建材选样与主要建材表、工程概预算所列出的建材项目有直接的对应关系。相比于设计图纸，建材样板的效果更直观、更形象，有助于编制恰当的概预算表及复核。

③ 辅助工程甲方理解设计

建材样板的效果真实客观，通过展示设计方案，可让甲方更容易理解设计的意图，感受预期的装饰效果，并对工程的建材使用情况有一定了解，更有利于对工程造价做出较准确的判断。

④ 作为工程验收及施工方采购和处理饰面效果的依据

建材样板具有示范建材种类、样式、纹理等作用，在工程验收时，甲乙双方可以将其作为依据，对照相应使用的部位进行建材种类的核对。并且，在施工方进行采购和处理饰面效果时，也可以将其作为依据。

5. 建材与装饰构造的关系

建材是室内装饰工程的基础，但是建材不是凭空依附在室内空间的界面之上的，需要借助一定的构造手段才能达到保护和装饰空间的目的。建材与构造密不可分，施工图设计阶段实际上就是对方案设计的具体深化和细部表达，构造的合理性和逻辑性对施工图设计质量尤为重要。

1 构造的含义

我们可以从两个层面来理解构造：宏观上看，构造泛指建筑空间的细部构成要素，如门窗、楼梯、梁柱等；微观上看，指的是空间界面和细部处理中各个组成部分的建材之间或建材与结构基层的相互连接关系。只有了解其中的相互关系和规律，才能更有效地进行图纸表达，才能更合理地进行施工。认识到建材与构造的关系，才可以由内而外，由表及里地表达自己的设计构想。

2 建材与构造

建材的构造与细部处理对塑造具有特色的室内空间和提升人对室内细部的精致感具有十分重要的作用。例如，在室内空间中比较常见的乳胶漆墙面，其构造细部感觉色彩纯净、形式简洁，就需要挺括的基底构造；木材的纹理自然、亲切宜人，就需要突出其易加工的构造特征；石材、玻璃、陶瓷等表面光洁，对空间效果影响大，就需要处理好建材与界面的比例和尺度问题，对接缝的处理方法和与基层的连接方法就显得尤为重要；金属类的建材相对冷峻，形成的构件造型和构造的工艺美感就容易突出其细部特征；织物面料柔软细腻、图案丰富，附着性强，需要处理好建材自身的选择和与之相邻材质的过渡交接问题。

室内空间中的界面或设施的细部构造与造型的处理、建材的选择、尺度的把握、色彩的搭配、光影的控制等都有着重要关系。尤其是建材界面节点的处理，可以说是构造细部之"细部"。对建材节点的处理是否合理，可以说是设计优劣的重要因素。

楼梯立面以金属作装饰，金属的质感较为细腻、光滑，不平处会显得尤为突出，所以缝隙的处理就尤为重要，设计时需要特别注意接缝的处理

6. 建材的常见施工工艺

在室内设计中，施工工艺一般可分为饰面式构造和装配式构造两种类型。

1 饰面式构造

饰面式构造指经设计处理的、具有特定形式的覆盖物，可对室内的原基础构件进行保护和装饰。其基本内容是处理饰面和结构构件表面两个面的连接构造方法。例如，在墙面上做软包处理，或在楼板下做吊顶处理等。饰面附着于结构构件的表面，随着构件部位的变化，饰面的部位也随之变化。饰面式构造可分为罩面类构造、贴面类构造、钩挂类构造三种类型。

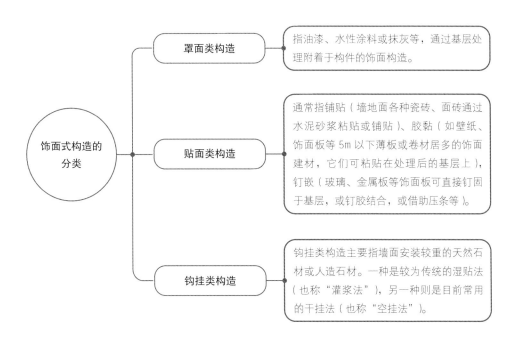

饰面式构造的分类

罩面类构造　指油漆、水性涂料或抹灰等，通过基层处理附着于构件的饰面构造。

贴面类构造　通常指铺贴（墙地面各种瓷砖、面砖通过水泥砂浆粘贴或铺贴）、胶黏（如壁纸、饰面板等5m以下薄板或卷材居多的饰面建材，它们可粘贴在处理后的基层上）、钉嵌（玻璃、金属板等饰面板可直接钉固于基层，或钉胶结合，或借助压条等）。

钩挂类构造　钩挂类构造主要指墙面安装较重的天然石材或人造石材。一种是较为传统的湿贴法（也称"灌浆法"），另一种则是目前常用的干挂法（也称"空挂法"）。

/ 饰面式构造的基本要求 /

饰面式构造有以下三个基本要求。

①牢固性：饰面式构造如果处理不当，面层建材与基层建材膨胀系数不一，粘贴建材选择有误或老化，会使面层出现容易脱落的现象。因此，饰面式构造要求首先是饰面必须附着牢固。

②层次性：饰面的厚度与层次往往与坚固性、构造方法、施工技术密切相关。因此，饰面式构造要求逐层施工，采取加固构造措施。

③均匀性：除了附着牢固外，饰面还应均匀、平整，尤其是隐蔽构造形式。否则，很难获得理想的效果。

② 装配式构造

按照装配式构造的配件成型方法，装配式构造可分为塑造法、拼装法、砌筑法三种方法。

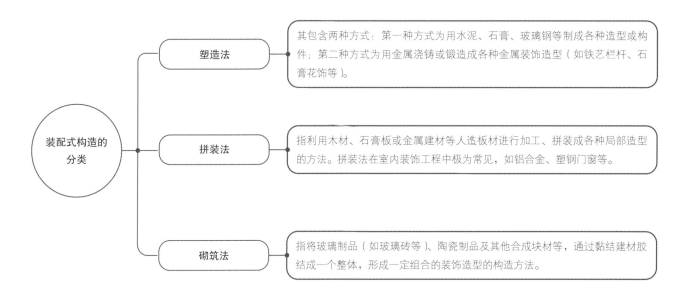

- **塑造法**：其包含两种方式：第一种方式为用水泥、石膏、玻璃钢等制成各种造型或构件；第二种方式为用金属浇铸或锻造成各种金属装饰造型（如铁艺栏杆、石膏花饰等）。

- **拼装法**：指利用木材、石膏板或金属建材等人造板材进行加工、拼装成各种局部造型的方法。拼装法在室内装饰工程中极为常见，如铝合金、塑钢门窗等。

- **砌筑法**：指将玻璃制品（如玻璃砖等）、陶瓷制品及其他合成块材等，通过黏结建材胶结成一个整体，形成一定组合的装饰造型的构造方法。

（装配式构造的分类）

空间内使用的建材主要包括石膏板、大理石和木制类饰面板，以装配式构造中的拼装构造法为主

第二章

涂料

　　在我国传统中，涂料多被称为"油漆"，通常是以树脂或油、乳液为主，添加（或不添加）颜料、填料，添加相应助剂，用有机溶剂或水配制而成的黏稠液体，常用作饰面建材，是非常常用的一种基础性室内建材。本章详细介绍了各类涂料的性能、特点、适用范围、常用参数、施工要点、验收及涂料与其他建材混搭施工等多个方面的知识。了解这些内容，有利于更得心应手地应用涂料进行室内空间的设计。

一、概述

涂料是用不同的施工工艺涂覆在物体表面，形成黏附牢固、具有一定强度、连续的固态薄膜的建材。涂料属于饰面材料的一种，它施工简单、装饰效果出色、翻新容易，在室内设计中运用的频率非常高。

1.涂料的分类及性能

在我国，涂料涵盖的范围很广，如墙漆、各类油漆（如木器漆、混油漆、调和漆、金属漆）、地坪涂料、特殊涂料（如防火、防水、防锈、发光、书写涂料）等均属涂料，由于种类繁多，分类方式也比较多，本章主要讲解的是内墙涂料。

① 按照构成涂膜主要成膜物质的化学成分分类

按照构成涂膜主要成膜物质的化学成分，常用的内墙涂料可分为有机涂料和无机涂料两种，其具体性能需结合种类进行分析。

有机涂料的性能

有机涂料又可划分为三种类型。

第一种为溶剂型涂料。指的是以高分子合成树脂为主要成膜物质，以有机溶剂为稀释剂的涂料。其涂膜细腻光洁而坚韧，有较好的硬度、光泽度、耐水性和耐候性、气密性和耐酸碱性，可对建筑物起到较强的保护作用。

第二种是水溶性涂料。指的是以水溶性树脂为基料，以水为溶剂的涂料。其施工安全，对人体无损害，附着力强且具有独特的透气性。但性能比溶剂型涂料差，且不耐擦洗。

第三种是合成树脂乳液涂料。通常指乳胶漆，以合成树脂乳液为主要成膜物质，其品种多样、功能齐全，具有迅速成膜、工期短、施工费用低、透气性优良、环保无异味、耐洗刷等优良性能。

无机涂料的性能

目前市场上的无机涂料主要以水玻璃、硅溶胶、水泥为基料制成。此类涂料价格低，资源丰富，无毒不燃，具有良好的遮盖力，对基层材料的处理要求不高，可在较低温下施工，涂膜具有良好的耐热性、保色性、耐久性等。

适合室内空间使用的涂料有很多种，其中有机涂料中的合成树脂乳液涂料（乳胶漆）是使用频率最高的一种，其可同时涂刷顶面和墙面，塑造一种统一、和谐的基调

② 按内墙涂料性能分类

内墙涂料通常用在天花板或墙面上，起到保护和装饰的作用。常用的内墙涂料根据具体的性能可分为基础涂料、环保涂料和艺术涂料三种类型。

内墙基础涂料的性能

内墙使用的基础材料主要为乳胶漆，具体包括以下三种类型。

第一种是苯—丙乳胶漆涂料。此类涂料无毒、无味、不燃，能在略潮湿的表面上施工，流平性好且干燥快。涂膜质感细腻、色彩丰富，其耐碱、耐水，耐擦洗及耐久性等特性，均优于其他种类的内墙装饰涂料。适用于住宅及各种公共建筑内墙。

第二种是氯偏共聚乳液内墙涂料。此类涂料无毒、无味、不燃，具有良好的耐水、耐擦洗、耐酸碱性、耐化学腐蚀性，涂层干燥快，可在较潮湿的基层上施工。

第三种是聚醋酸乙烯乳胶漆内墙涂料。此类涂料具有无毒、无味、易于施工、涂膜干燥快、透气性好、附着力强、装饰效果好的特点，可用于新旧石灰、水泥基层，施工方便。

环保涂料的性能

环保内墙涂料是近年来大众比较关注的一类涂料，典型代表是硅藻泥，此类涂料装饰效果自然、朴素，具有净化空气、调节湿度、除臭等功能，同时能够净化或吸附甲醛，但在维护方面略烦琐。

艺术涂料的性能

艺术涂料注重装饰效果，具有丰富的肌理，根据使用工具和施工手法的不同，可以任意发挥想象力进行设计组合，是展现个性的最佳涂料。此类涂料无毒、无味、无污染、防潮，易于施工、防冻性良好、维护方便、适用性好，可用于混凝土、石膏、木材、金属等多种材质的基层。

除装饰作用外，内墙涂料还具有保护建筑界面的功能

2.涂料的运用趋势

不同类型的涂料可以满足不同的使用场合和使用部位的需求。涂料的运用趋势也与这两方面有关，具体体现为以下两个方面。

1 基础涂料的专业性不断提升

作为基础涂料之中使用频率最高的乳胶漆，同类产品中价格相差不是很大，而大品牌的产品更有质量保障，所以可以预见的是，大品牌及大规模企业的产品，未来会越来越多地占有市场。且在环保与质量方面也会不断提升，调色和配色等方面也会越来越专业。

2 功能性涂料的深入研发

在一些具有特殊需求的部位或空间内，需要使用具有特殊功能的涂料，如防水、防火、防锈功能的基层涂料，或荧光涂料、书写涂料等饰面涂料等。随着科技的不断发展，此类涂料的研发必然也会不断深入，未来或将出现更多的功能。

二、乳胶漆

乳胶漆是乳胶涂料的俗称，指的是以丙烯酸酯共聚乳液为代表的一类合成树脂乳液涂料。

1. 乳胶漆的基本常识

① 简介

乳胶漆的主要成分包括乳液、颜料、填充料、助剂等，属于水性涂料。其漆膜性能比溶剂型涂料要好，且溶剂型涂料的毒性问题被彻底解决。根据使用环境不同，乳胶漆的分类不同，室内使用的是内墙乳胶漆，外墙使用的是外墙乳胶漆；从功能性来讲，除了通用型的乳胶漆外，还有如防水、防霉、抗菌、防水、抗污等其他功能类型的乳胶漆，可以充分满足不同的功能需求。

居室内使用多种颜色的乳胶漆组合进行装饰，简洁而又具有丰富的层次感，低彩度的色彩组合方式，可塑造出具有高雅感的气质，但实际上硬装的支出其实并不高

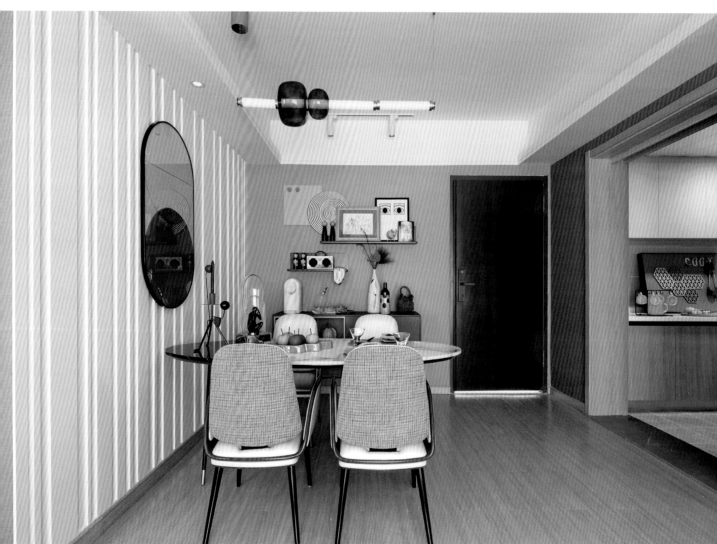

② 特性

干燥速度快：在 25℃时，20 分钟左右乳胶漆就可以完全干燥，一天可以涂刷 2 ～ 3 道。

调制方便，易于施工：可以用水稀释，可刷涂，也可辊涂、喷涂、抹涂、刮涂等，施工工具可用水清洗。墙面施工允许适度可达 8% ～ 10%，且不影响水泥的继续干燥。

耐碱性好：当涂于呈碱性的新抹灰墙、顶棚或混凝土墙面时，不返黏、不易变色。

装饰效果好：色彩多样，且可根据需求定制调色。漆膜坚硬，表面平整无光，颜色附着力强。

无毒、无害：即使是在通风不佳的室内施工，也不会危害人的身体健康。

③ 分类、特点及适用范围

乳胶漆的分类方式众多，这里主要按照涂刷后的光泽效果进行分类。

乳胶漆的分类、特点及适用范围

名称	特点	适用范围
哑光漆	具有较强的遮盖力、良好的耐洗刷性 附着力强、耐碱性好，流平性好	顶面、墙面
丝光漆	涂膜平整光滑、质感细腻，可洗刷，光泽持久，遮盖力强、附着力强 抗菌及防霉性极佳，耐水耐碱性能优良	顶面、墙面
有光漆	色泽纯正、光泽柔和，漆膜坚韧、附着力强、干燥快 防霉耐水，耐候性好、遮盖力强	墙面
高光漆	具有卓越的遮盖力和很强的附着力，坚固美观，光亮如瓷 防霉抗菌性极高，漆膜耐洗刷、耐久且不易剥落，坚韧牢固	墙面

④ 常用参数

乳胶漆的常用参数包括耐水性、耐擦洗性、断裂伸长率、拉伸强度、表干时间等，具体可参考下表。

乳胶漆的常用参数

名称	常用参数
耐水性	48
耐擦洗性	一等品≥ 1000 次，优等品≥ 5000 次
断裂伸长率	280%
拉伸强度	1.6MPa
表干时间	2h

注：上表中的参数为部分乳胶漆产品的平均值，不同厂家的产品数值会略有不同。

2. 乳胶漆的施工流程及施工工艺

因基层所用建材的不同，乳胶漆的施工方式也存在一些差别，下面介绍较常见基层中的两种施工方式。

① 混凝土基层乳胶漆墙面施工

第一步：基层处理

确保墙面坚实、平整。清理墙面，使水泥墙面尽量无浮土、浮尘。在墙面上辊一遍混凝土界面剂，尽量均匀，待其干燥（一般在 2h 以上）。同时对墙面阴阳角进行处理，保证阴阳角垂直方正。

第二步：刷素水泥砂浆

在刷涂底漆及面漆前，要先刷一道专用胶水掺素水泥砂浆，以增加乳胶漆与基层表面的黏结力，涂刷时应均匀，避免出现遗漏的情况。

第三步：水泥砂浆扫毛并找平

将上一步涂刷的素水泥砂浆用扫帚扫毛，这样能够增加摩擦力，防止面层分层脱落。如果不方便扫毛，可以进行甩毛操作，即将砂浆甩到墙上，形成毛面。毛面施工完成后，用水泥砂浆对墙面进行找平处理，以保证墙面的平整度。

第四步：满刮腻子

先用水泥石灰膏砂浆打底扫毛并找平，而后满刮腻子 2~3 遍，墙面一般是上下左右直刮，要刮得方正平整，与其他平面的连接处要整齐，孔洞和缝隙处的腻子要压平实，嵌得饱满，不能高出基层表面。待腻子干透后，要用砂纸打磨至完全平整。

第五步：刷封闭底涂料

封闭底涂料涂刷一遍即可，务必均匀，待其干透后可以进行下一步骤操作。涂刷每面墙面宜按先左后右、先上后下、先难后易、先边后面的顺序进行，避免漏涂或涂刷过厚、涂料不均匀等。通常用排笔涂刷，使用新排笔时要注意将活动的毛笔清理干净。

第六步：涂刷乳胶漆

通常乳胶漆要刷两遍，每遍之间的时间应视表面干透时间而定，第二遍干透前应注意防水、防旱、防晒，以及防止漆膜出现问题。一定要注意上下顺刷、互相衔接，避免出现接槎明显的问题。

/ 混凝土基层乳胶漆墙面施工注意事项 /

基层的质量不仅影响乳胶漆涂层的美观，还会影响涂层的质量。基层强度不够，易出现裂纹、起皮、脱落等质量问题；基层含水率超过 10%，会出现涂层成膜不好、起鼓、脱落等质量问题。基层不整洁，会使涂层黏结不牢。因此，基层必须平整坚固，不能有粉化、起砂、空鼓、脱落等现象。

墙面的腻子粉需选取粉质细腻的，打磨腻子时需选用细砂纸（240 号 ~ 360 号），以避免墙面出现刷纹现象，影响乳胶漆墙面的美观。

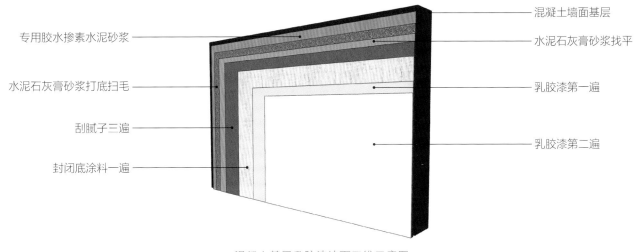

专用胶水掺素水泥砂浆

水泥石灰膏砂浆打底扫毛

刮腻子三遍

封闭底涂料一遍

混凝土墙面基层

水泥石灰膏砂浆找平

乳胶漆第一遍

乳胶漆第二遍

混凝土基层乳胶漆墙面三维示意图

设计师选择了绿色、白色和黑色三种颜色的乳胶漆组合来涂刷室内空间的墙面，实现了平面上的造型感，经济实惠同时具有设计感，是十分巧妙且个性的乳胶漆设计及施工方式

② 纸面石膏板基层乳胶漆墙面施工

第一步：基层处理

　　首先确保墙面坚实、平整。之后清理墙面，使水泥墙面尽量无浮土、浮尘。在墙面上辊一遍混凝土界面剂，尽量均匀，待其干燥（一般在 2h 以上）。同时，对墙面阴阳角进行处理，保证阴阳角垂直方正。

第二步：安装纸面石膏板

　　隔墙处有门洞口，从洞口开始安装，无门洞口的则从墙的一端开始，用自攻螺钉将纸面石膏板与墙体固定。

第三步：满刮腻子

　　一般墙面刮两遍腻子即可，如果墙面平整度较差，则需要在局部多刮几遍。每遍腻子批刮的间隔时间应在表面干透后。当腻子干燥后，用砂纸将腻子磨光，然后将墙面清扫干净。

第四步：刷胶水

　　在刷涂底漆及面漆前，要先刷一道胶水以增加乳胶漆与基层表面的黏结力，涂刷时应均匀，避免出现遗漏的情况。

第五步：刷封闭底涂料

　　封闭底涂料涂刷一遍即可，但务必均匀，待其干透后可以进行下一步骤操作。刷封闭底涂料时可采用刷涂、滚涂、喷涂等方式，操作应连续、迅速，一次刷完，待干燥后进行找平、修补、打磨。

第六步：涂刷乳胶漆

　　乳胶漆可以人工滚涂、刷涂，也可以用喷枪进行喷涂。其中喷涂对室内环境的整洁度要求较高，施工前需使用喷枪对房屋里墙面和顶棚进行吹灰尘施工，让其表面没有灰尘粘贴在上面。无论采用哪一种施工方法，乳胶漆通常都需要涂刷两遍。

/ 乳胶漆施工验收要点 /

　　乳胶漆涂刷使用的材料品种、颜色符合设计要求。

　　乳胶漆面层手感平整、光滑，无挡手感、无明显颗粒感。

　　涂刷面颜色一致，无透底、漏刷、咬色等质量缺陷，并且无砂眼、无刷纹、流坠，无返碱、掉粉、起皮现象。

　　使用喷枪喷涂的，喷点疏密均匀，无连皮现象。

　　表面平整、反光均匀，没有空鼓、起泡、开裂现象。侧视平整无波浪状，墙面如修补应整墙补刷。

　　未污染其他工种：与木作、开关面板等的接口必须严密、平整，不得漏缝未刷及污染。

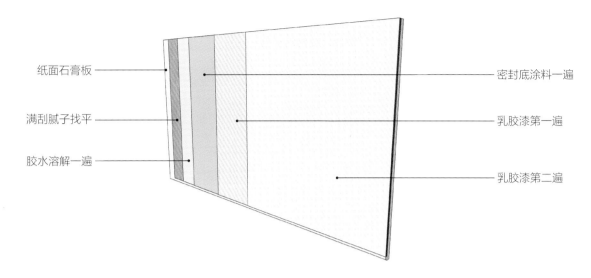

纸面石膏板 ——————— 密封底涂料一遍

满刮腻子找平 ——————— 乳胶漆第一遍

胶水溶解一遍 ——————— 乳胶漆第二遍

纸面石膏板基层乳胶漆墙面三维示意图

纸面石膏板具有一定厚度，造型施工较为简便，所以纸面石膏板基层的墙面选择乳胶漆作为饰面时，除了平面施工外，还可以设计一些适合室内风格的造型，这样即使选择以白色乳胶漆饰面，也不会让人感觉单调

3. 乳胶漆与壁纸结合的装饰效果与施工方法

乳胶漆的色彩多样，壁纸也是多种多样，将两者进行组合，能够为室内设计提供广阔的思路，塑造出满足不同人群需求的个性效果。并且，其施工简便，与石材等建材相比，也更具性价比。

① 施工流程

基层处理→满刮腻子三遍→打磨腻子表面→涂刷封闭底漆→涂刷乳胶漆→贴壁纸→整体清洁。

② 注意事项

当在同一面墙上同时设计乳胶漆和壁纸装饰时，需要特别注意衔接的问题，壁纸的边缘处可以设计如木线、金属线、石膏线等材质的线条做收口，否则在一段时间后两者的交界处容易脱胶。在设计时，可以石膏板等厚度较薄的板材为基层做一些简洁的、略带高度差的造型，这样更便于壁纸线条收口的实施。

以石膏板为基层并设计拱形造型，而后大面积涂刷粉色乳胶漆，拱形内选择裱糊大花型极具艺术感的壁纸，用金属线条收口，不仅更美观、层次感更强，同时还实现了乳胶漆和壁纸的完美过渡

墙裙上沿腰线的使用，完美地解决了有一定厚度的墙裙的收口问题，并且让墙面上半部分的绿色乳胶漆和下半部分的白色墙裙很好地实现了过渡和融合

4.乳胶漆与墙裙结合的装饰效果与施工方法

在美式、欧式、田园等类型风格的室内空间中，常将乳胶漆与墙裙组合，烘托风格特点，丰富整体层次。通常是墙面上半部分使用乳胶漆，下半部分搭配墙裙，墙裙通常为板块或条状拼接形式，也可更换为中空护墙板。

1 施工流程

现场放线→建材加工→基层处理→干挂石材框架制作→玻璃基础制作→干挂石材→安装玻璃→完成墙面处理。

2 注意事项

通常来说，墙裙比乳胶漆突出一些才更美观，施工也更容易，作为两种不同建材，它们之间的接点是较为重要的，常规做法是使用线条作为墙裙上沿的收口和两者之间的过渡。虽然可选线条的种类较多，但从和谐感上考虑，建议选择与墙裙同材质的线条。此外，还要注意乳胶漆的下沿涂刷要到位，保证能被线条盖住。

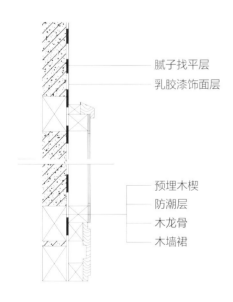

腻子找平层
乳胶漆饰面层

预埋木楔
防潮层
木龙骨
木墙裙

乳胶漆与墙裙结合施工示意图

5. 乳胶漆与装饰线结合的装饰效果与施工方法

乳胶漆与装饰线组合也是非常常见的一种施工形式。通常做法为在处理好基层的墙面上用各种类型的装饰线条设计出造型，线条可黏结也可钉接。若线条为石膏线或 PU 线且与乳胶漆同色，可一同涂刷；若两者为异色，或使用木线，则需要分开处理。

① 施工流程

基层处理→满刮腻子三遍→打磨腻子表面→涂刷封闭底漆→弹安装线→固定装饰线→乳胶漆施工→清洁墙面。

② 注意事项

两者混搭时，要注意乳胶漆与线条交接处乳胶漆的整齐性，若带有明显的涂刷毛边，会给人不够精致的感觉。如果选用的是石膏线或 PU 线，可以直接固定在刮好腻子的墙面上。如果计划使用实木线在墙面上做造型，需整面墙壁先用冲击钻打孔（间隔 300mm×300mm），塞进木楔，用钉子将 9mm 夹板或 15mm 大芯板固定到墙上，而后再刮腻子，实木线要先刷好油漆，而后用直枪钉固定到墙面的板材上。线条安装完成后，再做乳胶漆的饰面即可。

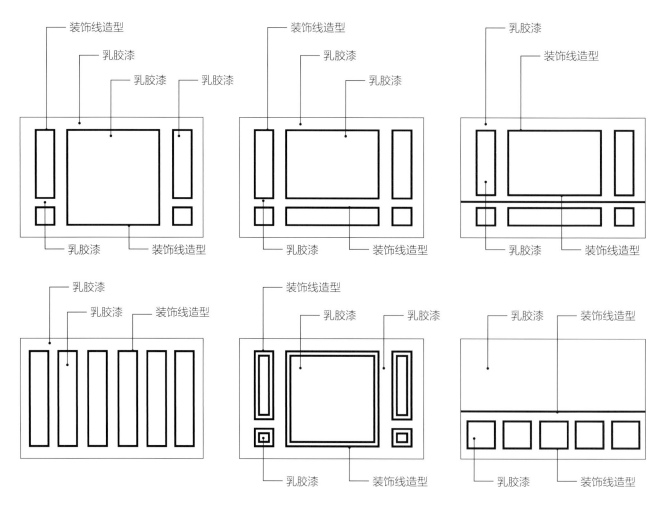

乳胶漆与装饰线结合造型墙的常见样式

空间整体使用装饰线条与乳胶漆搭配作为墙面造型，即使全部为白色也没有单调之感，为了让层次更丰富，设计师在不同的墙面上选择了不同造型的装饰线

设计师将墙面整体分成两个部分进行凹凸层次的造型，以不同色彩的乳胶漆和装饰线做组合，简洁、大气而又具有起伏的层次感

三、硅藻泥

硅藻泥的主要成分是硅藻土，它是一种生物成因的硅质沉积岩，主要由古代硅藻的遗骸组成，能够持续释放负氧离子，分解甲醛、苯、氡等有害致癌物质。

1. 硅藻泥的基本常识

① 简介

将硅藻泥作为建材起源于日本，日本将其称为"硅藻矿物壁材"，2003 年开始引入中国。硅藻泥本身无任何污染，在搅拌和施工中也无任何毒害。它具有良好的和易性和可塑性，施工涂抹、图案制作时可随意造型，且具有多种性能，是替代壁纸和乳胶漆的新一代室内建材。

② 特性

净化空气、消除异味：具有极强的物理吸附性和离子交换功能，可以有效去除空气中的游离甲醛、苯、氨等有害物质，以及因宠物、吸烟、垃圾等所产生的气味。

调节湿度：随温度的变化，可吸收或释放水汽，自动调节室内湿度，使之平衡。

防火、阻燃：由无机材料组成，不燃，即使空间内发生火灾，也不会产生有害烟雾。

保温、隔热：具有非常好的保温隔热作用，效果是同等厚度水泥砂浆的 6 倍。

不沾灰尘：不含任何重金属，不产生静电，浮沉不易附着。

耐水性差：不耐擦洗，硬度不足，不适合过于潮湿的环境使用。

利用硅藻泥可以任意制作纹理，形成具有立体凹凸感的图案，用其涂刷的墙面，比乳胶漆平面更具层次感，很适合自然或复古风格的室内空间

③ **分类、特点及适用范围**

按照表面装饰效果，硅藻泥可分为质感型、肌理型、艺术型和印花型四种类型。

硅藻泥的分类、特点及适用范围

名称	例图	特点	适用范围
质感型		采用添加一定级配的粗骨料 抹平形成较为粗糙的质感表面 效果质朴大方	大面积顶面、大面积墙面
肌理型		添加一定的级配粗骨料 用特殊的工具制作成一定的肌理图案，如布纹、祥云等	局部墙面、背景墙
艺术型		用细质硅藻泥找平基底 在基底上用不同颜色的细质硅藻泥做出图案或利用颜料在基底上手绘作画	局部墙面、背景墙
印花型		在做好基底的基础上，利用丝网印做出各种图案和花色，效果类似壁纸	大面积墙面

④ **常用参数**

硅藻泥的常用参数主要有孔隙率和比重等，具体可参考下表。

硅藻泥的常用参数

名称	常用参数
孔隙率	90% ~ 92%
比重	（0.4 ~ 0.9）/ml

注：上表中的参数为部分硅藻泥产品的平均值，不同厂家的产品数值会略有不同。

2. 硅藻泥的施工流程及施工工艺

除了饰面步骤外，硅藻泥与乳胶漆的其余步骤可相互参考，下面介绍常见基层中的两种施工方式。

1 加气砌块基层硅藻泥墙面施工

第一步：基层处理

确保墙面坚实、平整，清理墙面，使水泥墙面尽量无浮土、浮尘。在墙面上辊一遍混凝土界面剂，尽量均匀，待其干燥（一般在 2h 以上）。同时对墙面阴阳角进行处理，保证阴阳角垂直方正。

第二步：挂网

将聚合物水泥砂浆喷浆喷涂在加气混凝土或加气硅酸盐砌块墙基层上为挂网做好准备，待其干透后再将墙面钉将密度为 15mm×15mm 的钢丝网钉在墙面上，用水淋湿并用 10mm 厚的水泥：水：砂的比例为 1：0.2：3 的水泥砂浆进行刮底，并涂刷一道素水泥膏光滑表面。

第三步：满刮腻子

一般墙面刮两遍腻子即可。若墙面平整度较差，需要在局部多刮几遍。如果平整度极差，可考虑先刮一遍 6mm 厚的水泥：水：砂的比例为 1：0.2：3 的水泥砂浆进行找平，然后再刮腻子。每遍腻子批刮的间隔时间应在表面干透后。当腻子干燥后，用砂纸将腻子磨光，然后将墙面清扫干净。

第四步：打磨腻子

腻子完全凝实（5~7 天）之后会变得坚实无比，此时再进行打磨就会变得非常困难。因此，建议刮过腻子 1~2 天后便开始进行腻子打磨。打磨可选在夜间，用 200W 以上的电灯泡贴近墙面照明，一边打磨一边查看平整程度。

第五步：涂刷封闭底涂料

封闭底涂料涂刷一遍即可，务必均匀，待其干透后可以进行下一步骤操作。涂刷每面墙面宜按先左后右、先上后下、先难后易、先边后面的顺序进行，避免漏涂或涂料过厚、涂料不均匀等。通常情况下用排笔涂刷，使用新排笔时要注意将活动的毛笔清理干净。

第六步：硅藻泥饰面（平光工法）

用不锈钢镘刀将材料薄批在基面上，80cm 宽即可。按同一方向批涂第二遍，确保批涂层均匀平整无明显批刀痕和气泡产生。待其涂层表面收水 85%～90%（指压不黏、无明显压痕），再按同一方向使用 0.2~0.5mm 厚的不锈钢镘刀批涂第三遍。

/ 硅藻泥墙面施工验收要点 /

涂料表面颜色均匀一致，无裂缝、气泡或起鼓的现象。纹理分布均匀，图案符合设计要求。

图案必须做收光处理，可用手抚摸感觉是否有棱角或扎手的感觉来判断。

手感松软且偏暖，没有过于干硬和潮湿的感觉，不可有阴湿感。待完全干燥后，用手擦拭，无掉粉现象。

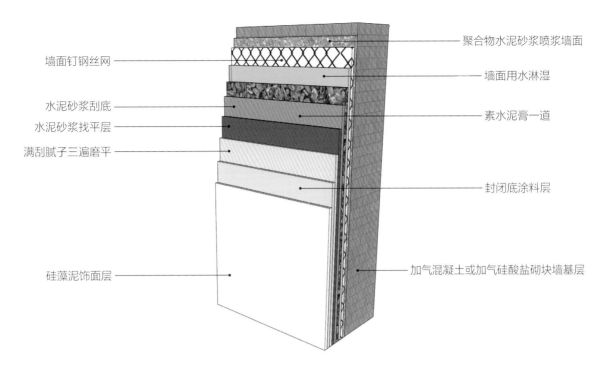

墙面钉钢丝网

水泥砂浆刮底

水泥砂浆找平层

满刮腻子三遍磨平

硅藻泥饰面层

聚合物水泥砂浆喷浆墙面

墙面用水淋湿

素水泥膏一道

封闭底涂料层

加气混凝土或加气硅酸盐砌块墙基层

加气砌块基层硅藻泥墙面三维示意图

在加气砌块基层墙面上，以青色硅藻泥与浅灰色乳胶漆相结合，简洁明快，平光工法的硅藻泥具有若隐若现的粗糙感，与平滑的乳胶漆形成对比，让建材质感的层次更加丰富

② 胶合板基层硅藻泥墙面施工

第一步：基层处理

确保墙面坚实、平整，清理墙面，使水泥墙面尽量无浮土、浮尘。在墙面上辊一遍混凝土界面剂，尽量均匀，待其干燥（一般在 2h 以上）。同时对墙面阴阳角进行处理，保证阴阳角垂直方正。

第二步：安装基层板

先对作为基层板使用的胶合板进行防火、防腐处理，再用自攻螺钉把处理后的胶合板固定在混凝土基层上。

第三步：满刮腻子

按照刮腻子的要求，在墙面上满刮腻子三遍，每次刮腻子都应在表面干透后，腻子刮完干燥后进行打磨，再将墙体清扫干净。

第四步：刷封闭底漆

为使墙基界面达到密封防水的效果，涂刷两遍封闭底漆，需要注意的是，需在第一遍干燥后再涂刷第二遍。如果第三步中使用的是耐水腻子，则这一步可以考虑省略。

第五步：硅藻泥批涂

将硅藻泥材料充分搅拌均匀，而后参照平光工法中的最后一步，用不锈钢镘刀将搅拌好的材料批涂在墙面上。

第六步：硅藻泥饰面（艺术工法）

艺术工法的表面肌理制作方式多种多样，设计时可充分发挥想象，常用工具有辊筒、镘刀、毛刷、丝网等，根据设计的样式，使用相应工具在批涂好的硅藻泥表面做出相应图案或肌理，而后进行收光处理。最后对墙面整体进行清洁。硅藻泥完全干燥一般需要 48 小时左右，在 48 小时内不要触动。

/ 硅藻泥饰面施工方式的比较 /

硅藻泥的施工方式有喷涂工法、平光工法和艺术工法三种，各自特点如下所示，可根据需求选择适合的方式。

喷涂工法：与乳胶漆的喷涂施工方式类似，借助喷枪进行施工。适合大面积施工作业，效率高。是使用较少的一种施工方式，其效果类似乳胶漆。

平光工法：主要是为了适应当前家庭装修客户以白色平滑为主的这一客观情况，可以满足那些既想要选择健康装修素材，又不放弃传统平光、白色的审美取向的人群。

艺术工法：没有固定性，即使相同的肌理图案，不同的施工者，表现出的风格也大不相同；使用的工具因人而异，匠心独具，丰富多彩。表现出的肌理效果与施工者的技艺紧密相关。具有较强的装饰性和艺术感，是采用最多的一种硅藻泥施工方式。

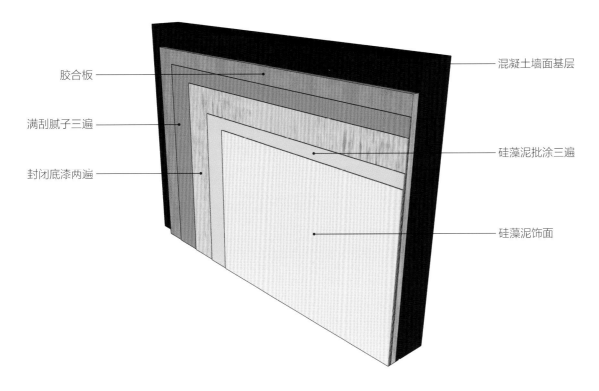

胶合板 ——————

满刮腻子三遍 ——————

封闭底漆两遍 ——————

—————— 混凝土墙面基层

—————— 硅藻泥批涂三遍

—————— 硅藻泥饰面

胶合板基层硅藻泥墙面三维示意图

为了便于卧室墙造型设计，以胶合板为基层，上半部分面层以纹理感十足的硅藻泥做饰面，搭配洗墙灯，简洁而又美观

3. 硅藻泥与乳胶漆结合的装饰效果与施工方法

用石膏板造型搭配硅藻泥是目前比较常见的一种背景墙设计方式，无论是大墙面还是小墙面，均可进行设计和施工。为了丰富整体的层次感，石膏板部分通常会采用乳胶漆进行饰面，用其光滑的质感与硅藻泥的颗粒感形成对比。

① 施工流程

跌级立体造型施工流程：基层处理→墙面钻孔安装木楔→固定木龙骨骨架→固定石膏板造型→满刮腻子三遍→打磨腻子表面→涂刷封闭底漆→涂刷乳胶漆→乳胶漆保护→硅藻泥饰面施工→去除保护并清洁。

非跌级造型施工流程：基层处理→墙面钻孔安装木楔→固定石膏板或胶合板造型→墙面及造型部分均满刮腻子三遍→打磨腻子表面→涂刷封闭底漆→涂刷乳胶漆→安装过渡线条→完工部分保护→硅藻泥饰面施工→去除保护并清洁。

② 注意事项

硅藻泥和乳胶漆结合施工时，如果是跌级立体造型，需注意交界处的整齐度，先完工的部分做好覆盖保护后再涂刷另一种；如果是非跌级造型，两种材料交界处建议使用线条或边框做过渡。

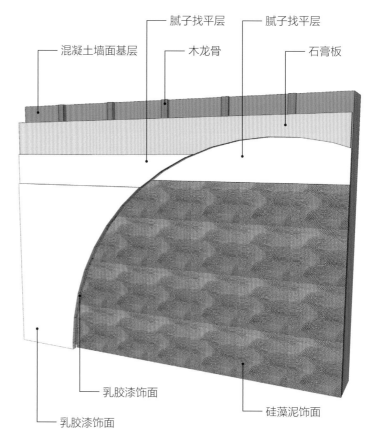

硅藻泥与乳胶漆结合跌级立体造型墙面三维示意图

用经典的拱形或边角做变化的拱形、圆弧形等造型设计墙面，适合美式风格等复古风格的空间，造型部分和原墙面分别以乳胶漆和硅藻泥进行涂饰，可以让整体墙面更具质感

将面层平滑的薄荷色乳胶漆与带有肌理的橘粉色硅藻泥相结合，给人以简洁却丰富的感受，黑色边框使两部分更好地过渡和融合

4.硅藻泥与文化石结合的装饰效果与施工方法

硅藻泥是一种具有强烈质朴感的建材，其装饰效果与文化石具有类似之处，将这两种建材进行组合，能够烘托出较为淳朴、自然的感觉，适合如乡村风格、田园风格等类型的室内空间。

① 施工流程

基层处理→文化石砂浆层施工→粘贴文化石→文化石覆盖保护→满刮腻子三遍→涂刷封闭底漆→硅藻泥饰面施工→去除保护并清洁。

② 注意事项

两者结合施工时需注意组合的协调性。若用此组合设计主体背景墙，可以将文化石放在中间，两侧组合硅藻泥，倘若是如沙发背景墙等类型的被家具遮挡的墙面，则可以将硅藻泥放在上部分，文化石放在下部分，但两者之间会存在高度差，建议用腰线过渡。

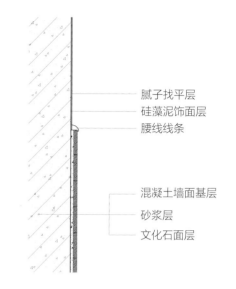

腻子找平层
硅藻泥饰面层
腰线线条

混凝土墙面基层
砂浆层
文化石面层

硅藻泥与文化石结合施工示意图

墙面的上半部分涂刷米黄色的硅藻泥（平光工法），下半部分使用仿砖石文化石，中间以深灰色腰线过渡，具有浓郁的质朴感

5. 硅藻泥与墙裙结合的装饰效果与施工方法

这种组合方式非常适合具有自然感的一些室内空间风格，如美式风格、乡村风格、田园风格、地中海风格等。除了木纹类型外，墙裙还有白色混油或蓝色、粉色等彩色混油可以选择。

① 施工流程

预埋木楔→防潮层施工--→放线→木龙骨骨架（或底架）安装→墙裙安装→墙裙线条安装→墙裙保护→满刮腻子三遍→涂刷封闭底漆→硅藻泥饰面施工→去除保护并清洁。

② 注意事项

两者结合施工时，墙裙上沿建议用线条做收口，这样不仅美观，且更便于对硅藻泥边缘的覆盖。如果不使用线条，则需考虑好墙裙上沿的细部处理，注意选择美观的施工构造。

以肌理型硅藻泥涂刷墙面的上半部分，塑造出了不规则且丰富的肌理感，下半部分则搭配了具有显著火烧痕迹的碳化木作为墙裙，塑造出了个性而质朴的整体氛围。两种建材之间用碳化木条过渡，横线条的存在使衔接更自然、和谐

四、艺术涂料

艺术涂料不是特定的某种涂料，而是一类涂料的总称，指涂刷后具有艺术效果的涂料，其肌理感比传统涂料更强，可产生或粗糙或细腻的立体艺术效果。

1. 艺术涂料的基本常识

① 简介

艺术涂料是一种新型的墙面装饰艺术材料，主要材料为各种具有艺术表现功能的涂料，结合一些特殊的工具和不同的施工技巧，能够制造出各种纹理的图案。

② 特性

环保无毒：属于水性涂料，涂料中不含苯及其化合物等有害物质。

装饰效果极强：种类多样，可选择范围广。图案精美，色彩丰富，有层次感和立体感，颜色可任意调配，图案可自行设计。

综合性能好：防水、防尘、阻燃，可洗刷、耐摩擦，色彩历久弥新；防止墙面滋生霉菌，方便二次装修。

寿命长：在正常情况下不起皮、不开裂、不变黄、不褪色，可使用10年以上。

客厅墙面以纹理若隐若现的艺术涂料做涂饰，简洁而又带有浓郁的艺术感，组合棕色的大理石，以不同的纹理塑造出丰富的层次感，减弱了挑高空间的空旷感，更显大气

3 分类、特点及适用范围

室内较常用的艺术涂料有：壁纸漆、马来漆、金属漆、裂纹漆、肌理漆、砂岩漆等。

艺术涂料的分类、特点及适用范围

名称	例图	特点	适用范围
壁纸漆		也叫液体壁纸、幻图漆或印花涂料 是集壁纸和乳胶漆特点于一身的环保水性涂料 有极强的耐水性和耐酸碱性 图案色彩均匀、图案完美，而且极富光泽	大面积墙面、背景墙
马来漆		因纹理图案类似马蹄印造型而得名 漆面光洁有石质效果，质地和手感滑润 色彩浓烈，效果华丽富贵，可调制任意颜色 具有特殊肌理效果和立体釉面效果，质地和纹理犹如玉石，表面漆膜具有超高的强度和硬度	大面积墙面、局部墙面、背景墙
金属漆		是由高分子乳液、纳米金属材料、纳米助剂等合成的新产品 具有类似金箔的闪闪发光的效果 给人一种金碧辉煌的感觉	局部墙面、背景墙
裂纹漆		纹理犹如裂纹，花色众多 纹理变化多，错落有致 具立体艺术美感	局部墙面、背景墙
肌理漆		具有一定的肌理性 花形自然、随意 异形施工更具优势，可做出特殊的造型与花纹、花色	大面积墙面、背景墙、局部墙面
砂岩漆		可以创造出各种砂壁状的质感 具有天然石材的质感 耐候性佳，密封性强 耐腐浊、易清洗、防水、纹理清晰流畅	大面积墙面、背景墙、局部墙面

注：不同类型的艺术涂料、不同厂家的产品、不同的施工手法，都会导致艺术涂料参数不同，所以这里不再针对常用参数做介绍。

2. 艺术涂料的施工流程及施工工艺

　　不同类型的艺术涂料施工方式具有较大的差别，下面介绍艺术涂料中较为常用的壁纸漆和马来漆的施工方式。

1 壁纸漆的墙面施工流程及施工工艺

第一步：基层处理

　　如果基层为水泥墙，需确保墙面坚实、平整，清理墙面，使水泥墙面尽量无浮土、浮尘；如果基层为石膏板，则需将板缝封好，钉眼涂刷防锈漆，而后用腻子补平。

第二步：腻子找平

　　用腻子批刮墙面进行找平，一般墙面刮两遍即可，平整度较差的需要在局部多刮几遍。待腻子干燥后用砂纸打磨至光滑、平整，通常要打磨两遍。

第三步：刷封固底漆

　　封闭底涂料涂刷一遍即可，务必均匀，待其干透后进行下一步骤操作。涂刷每面墙面宜按先左后右、先上后下、先难后易、先边后面的顺序进行，避免漏涂或涂刷过厚、涂料不均匀等。此步骤可以对基层的腻子材料进行封固，达到抗碱、防潮、防霉的目的。

第四步：涂刷底漆

　　将调好颜色的底漆涂布在墙面上，可以起到防水、耐擦、装饰等作用。可以滚涂也可以喷涂，通常情况下会操作两遍。

第五步：涂刷罩面漆

　　待底漆完全干燥后，涂刷罩面漆，可以起到防水、防尘，提高光泽度等作用。罩面漆通常采用喷涂的方式来施工。注意罩面漆干透后，才可进行饰面层的施工。

第六步：饰面施工（印花）

　　从墙角处开始，将模具紧贴墙面用刮板进行刮涂，每刮好一个花型后，需将模具上多余的涂料收尽，提起模具，然后再继续制作花纹。套模时根据花型的列距和行距使横、竖、斜都成一条线就可以。以模具外框贴近已经印好花型的最外缘，找到参照点后涂刮，并依此类推至整个墙面点。

/ 壁纸漆的其他施工方式 /

　　滚花施工（滚花）：将涂料用水稀释，然后将稀释好的涂料加入料盒并调整好滚筒与料盒之间的结合，用力均匀从上到下施工于墙面。操作时需注意图案连接及行列距离，在滚涂过程中用力需均匀。

　　打磨施工（丝绒漆）：第一遍滚涂覆盖住基层，而后用塑料打磨器打磨，待干燥至 50% 时，进行第二次打磨，干燥至 80% 时，进行第三次打磨，如效果不满意则继续打磨直至满意位置。

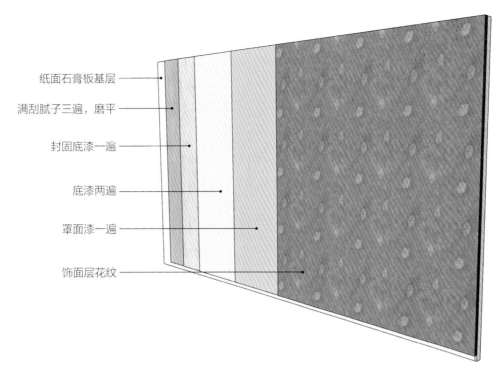

纸面石膏板基层——
满刮腻子三遍，磨平——
封固底漆一遍——
底漆两遍——
罩面漆一遍——
饰面层花纹——

纸面石膏板基层壁纸漆墙面三维示意图

花纹肌理的丝绒壁纸漆纹理自然多变，具有低调而典雅的效果，即使墙面不做任何造型也足够美观

② 马来漆的墙面施工流程及施工工艺

第一步：基底处理

清除基层表面上的灰尘、油污、疏松物，而后按照高丹内墙漆的标准将墙面用腻子批平，并打磨至平整、光滑。处理完成后，必须保证基底的致密性与结实性。马来漆底层所使用的腻子，一定要选择品质好的产品。因为马来漆属于高档艺术涂料，自带封闭性，施工时一般不再使用封底漆，所以要保证基底的致密性与结实性。

第二步：批刮第一遍马来漆

将指定的色彩马来漆，用专用的马来漆批刀，在施工墙面均匀平批一次，越薄越好。每个图案之间尽量不要重叠，并且尽可能使每个方形的角度朝向不同。根据采用工艺及手法的不同，可制作出大刀纹、叠影纹、水泼纹、冰凌纹、幻影纹、金银线纹等多种纹理。

第三步：批刮第二遍马来漆

同样要使用专用的马来漆批刀，在第一遍马来漆批刮的空隙处批刮第二遍。需要注意，此遍制作的图案需与第一遍批刮的图案错开。

第四步：检查

第二遍图案批刮完成后，检查上面是否有未补满的缝隙，如有，则需要进行补刮。

第五步：打磨

用 500 号的砂纸轻轻打磨干燥的马来漆，这一步骤决定马来漆的光泽感。好的马来漆打磨后会具有玉石般的光泽感。

第六步：批刮第三遍马来漆并抛光

第三道马来漆需重复第二道的"批""刮"动作，注意抹点应不在一个位置上重复，要边批刮边抛光。三遍漆完成后，用不锈钢刀调整好角度批刮抛光，直到墙面具有如大理石般的光泽。

/ 马来漆墙面施工验收要点 /

马来漆的涂刷颜色、效果与设计方案一致。

表面厚度一致，漆面饱和、干净，没有颗粒。

表面平整、反光均匀，没有空鼓、起泡、开裂现象。

目视有明显光泽，手摸具有润滑感。纹理批涂美观、没有混乱现象。

天花角线接驳处理顺畅，没有明显不对纹和变形。

墙面无污染、脏迹。

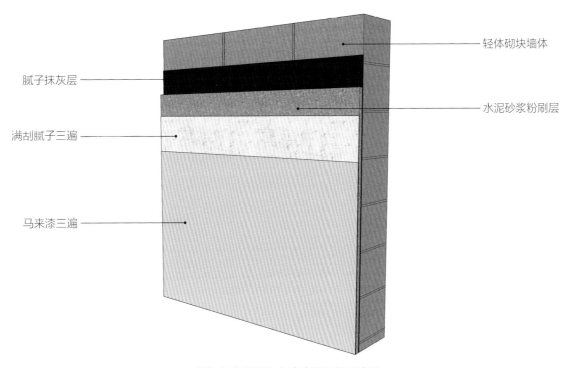

腻子抹灰层 —

满刮腻子三遍 —

马来漆三遍 —

— 轻体砌块墙体

— 水泥砂浆粉刷层

轻体砌块基层马来漆墙面三维示意图

设计师在卧室的侧墙使用了马来漆，与深色木质床头背景格调一致，但其多变的纹理又缓解了深色带来的沉闷感，让空间的视觉效果更舒适

3.艺术涂料与文化石结合的装饰效果与施工方法

艺术涂料与文化石混搭的方式，常见于乡村风格、田园风格等自然韵味较浓郁的空间中，所以艺术涂料适合选择较为低调的款式，如壁纸漆、马来漆、肌理漆等。

① 施工流程

基层处理→文化石砂浆层施工→粘贴文化石→文化石覆盖保护→满刮腻子三遍→涂刷封闭底漆（部分封闭性强的艺术涂料可省略此步骤）→艺术涂料饰面施工→去除保护并清洁。

② 注意事项

根据两种建材结合方式的不同，需选择合适的收边或过渡构造。如文化石设计在中间并突出墙面，而两侧使用艺术涂料，则造型侧面直接用同种文化石或转角文化石收口即可；如果两者为上下组合（通常为艺术涂料在上，文化石在下），文化石上沿可用同种文化石、实木线条或瓷砖线条做收口，而瓷砖线条需选择与文化石具有协调感的款式。

设计师将踢脚线部分加高，并用文化石代替普通的踢脚线，墙面则选用带有极强光泽感的米黄色马来漆饰面，两部分之间用实木线条过渡，整体效果质朴而又不乏个性感，呈现出了与众不同的楼梯空间

第三章

木饰面板材

　　板材最早是指木工用的实木板，用作家具或其他生活设施的制造，随着科技的发展，板材的种类越来越多，但在饰面类板材中，使用较多的仍然是木质类产品，其表面纹理多样，在设计时可配以不同组合方式，能够营造出不同的视觉效果。本章详细介绍了各类木饰面板材的性能、特点、适用范围、常用参数、施工要点、验收及木饰面板材与其他建材混搭施工等多个方面的知识，有助于更为全面、详细地了解木饰面板材。

一、概述

　　木饰面板材是指覆盖于家具、墙体、柱面等物体或室内构建之上，以木材为原料的装饰板材。其纹理质感多变，改变了装饰仅使用实木板的传统，为室内设计提供了更多的可能性。

1.木饰面板材的分类及性能

　　木饰面板的制作材料有很多，所以面层的花色和纹理也具有多种类型。按照其所用原料的不同，可分为实木板和人造木板两种类型。

1 实木板

　　实木板指的是天然木材经过切割、刨削等简单加工制成的装饰板材。实木板一般按照原木的名称进行分类，规格没有统一的标准。此类板材多坚固耐用、纹路自然而多变化，大都具有天然木材特有的芳香，具有较好的吸湿性和透气性，有益于人体健康，不会造成环境污染。

不同种类实木板的性能

　　实木板的原料为各类树木的树干，多选取心材和边材。心材（红木质）材色较深，水分较少，材质硬、密度大，渗透性低，耐久性高，变形概率小，不易被虫蛀。边材（白木质）材色较浅、水分较多，与心材相比较软、渗透性高，耐久性低，变形概率大，易被虫蛀。

实木板有块板、条板、细条、马赛克等多种类型，纹理和色彩也较为多样，各种风格的室内空间均有适用产品

胶合板的厚度通常比较薄，需要配合基层一起施工。其部分纹理靠人工制造，所以种类比实木板更丰富，且不存在结疤等天然缺陷。但是单一品种板材纹理本身的变化不如实木板丰富，而是比较具有规律的，机械感更重一些，适合偏爱统一感的人群

② 人造木板

人造木板是指以木材为原料，经一定机械加工分离成各种单元材料后，施加或不施加胶黏剂和其他添加剂胶合而成的板材或模压制品，其延伸产品和深加工产品达上百种。能做饰面用途的人造板主要有胶合板和碎料板两种类型。

人造木板的主要性能需结合其种类分析

第一类是胶合板，即在胶合板上粘贴木皮制成的一类木饰面板材，如木纹饰面板、复合护墙板等。此类人造木板膨胀收缩率低，尺寸稳定，材质较锯材均匀，不易变形开裂；人造板原料的单板及各种碎料易于浸渍，因而可作各种功能性处理（如阻燃、防腐、抗缩、耐磨等）。

第二类是碎料板，即将如原木、木皮等木材类原料加工成一定形状的几何片状或颗粒后，经一系列工序加工制成的一类木饰面板材，常用的饰面类板材有欧松板和软木板等。其制作原料通常选用的是生长速度较快的木材或木皮，能够有效提高木材的利用率，达到节能的目的；所使用的胶也以环保胶为主，具有较高的环保性。

除此之外，此类板材在制作过程中对木质纹理结构进行了重组，彻底消除了木材内应力对建材加工的影响，因此具有非凡的易加工性和防潮性。内部为定向结构，整体均匀性也非常好。

碎木板的纹理不同于其他类型的木板，表面非天然木纹，而是点状、片状等形状，但颜色和质感上又具有木材类建材的特征

2.木饰面板材的运用趋势

　　木饰面板材作为饰面材料的一个大的分支，使用频率非常高，随着人们审美眼光的不断进步，各大建材厂家也在不断开发新品。其发展前景可总结为以下两个方向。

① 新产品不断开发

　　如碳化木、防腐木的出现，以及夹板种类的不断丰富等。碳化木和防腐木的环保性极强，其以常见的树种为原料，经过处理后具有防腐、防水性能，潮湿区域亦可使用，解决了木料易腐朽的难题；早期的夹板多用于结构制作，发展至今，结合更高端的科技手段和打印技术，使可仿制纹理种类增多，在墙面、顶面及家具的饰面应用上选择更加丰富。

② 木材循环利用和特殊效果的开发

　　将曾经使用过的木材处理后进行二次利用，或将原有的木皮等下脚料进行处理，表现独特的个性美。此类材料主要包括古船木、老木板及软木等，不仅可用来装饰墙面和家具，还可用在地面上，充分满足人们的个性化需求。

背景墙采用了一体式的贴面人造木夹板进行装饰，效果与实木接近，但纹理更加多样，选择性更多，为设计带来了更广阔的思路

二、木纹饰面板

木纹饰面板的基层为胶合板，面层为天然薄木或科技（人造）薄木。其品种丰富多样，纹理多变，是室内空间中极为常用的一种木饰面板材，也是实木板的高性价比替代品。

1. 木纹饰面板的基本常识

① 简介

木纹饰面板的全称为"装饰单板贴面胶合板"，是将天然木材或科技木刨切成一定厚度的薄片，粘附于胶合板表面热压而成的一种饰面板材，可用作墙面、柱、门、门窗套、家具等部分的饰面。木纹饰面板与天然实木或木皮有着类似的装饰效果，但其施工更为便利。

木纹饰面板的表面具有木纹纹理，色彩和纹理的可选择范围十分广泛，其不仅能用来装饰墙面，还可装饰顶面。用浅色木纹饰面板装饰室内空间时，能够塑造出一种温馨而又雅致的氛围

② 特性

款式多样：木纹饰面板分天然木和科技木两类，基本囊括了所有的木种，色彩、纹理多样，适合多种装饰风格。

装饰效果好：具有可与实木媲美的色泽和纹理，图案花纹美丽，立体感强，效果自然、美观。

节约能源：表面为薄木片，既充分利用了木材资源，又利于环保，同时降低了成本。

结构强度高：有很好的弹性、韧性，可制作出弯曲、圆形、方形等造型。

易于施工：施工简单、快捷，但涂饰效果好，装饰效果出众。

③ 分类、特点及适用范围

按照所用原料的特点，木纹饰面板可分为天然木和科技木两类，天然木表面使用天然木皮制造，科技木表面使用科技木皮制造。但在实际运用中，人们更习惯于根据表面树种来进行分类，如柚木、橡木、樱桃木、枫木、黑胡桃及檀木等。

木纹饰面板的分类、特点及适用范围

名称	例图	特点	适用范围
柚木		色泽金黄、温润，纹理线条优美 含油量高，耐日晒 不易变形、张缩率小 比较百搭，任何风格空间均适合	大面积墙面、局部墙面、背景墙、门、门窗套、家具
樱桃木		纹理通直，有狭长的棕色髓斑 贴面板多使用红樱桃木，暖色赤红 合理使用可营造高贵气派的感觉	墙面拼花、护墙板、门、门窗套、家具
枫木		包括直纹、山纹、球纹、树榴等多种类型 花纹呈明显的水波纹或呈细条纹 乳白或本白色，有时带轻淡红棕色 木材紧密、纹理均匀、抛光性佳，易涂装	大面积墙面、局部墙面、柱面、门、家具
黑胡桃		色彩为灰色，纹理较粗而富有变化 透明漆涂装后色泽深沉稳重，更加美观 比较百搭，适合各种风格的居室 涂刷次数要比其他饰面板多 1 ~ 2 道	大面积墙面、局部墙面、背景墙、门、家具

名称	例图	特点	适用范围
檀木		款式多样，有黑檀、绿檀、紫檀等 山纹犹如幽谷，直纹疑似苍林 装饰效果浑厚大方，板面庄重而有灵气 是木饰面板中的极品	局部墙面、背景墙、家具
水曲柳		黄白色或褐色略黄 纹理直，花纹美丽，无光泽 结构细腻，涨缩率小 可做成仿古油漆，效果很高档	大面积墙面、局部墙面、背景墙、柱面、门、门窗套、家具
斑马木		浅棕色至深棕色与黑色条纹相间 色泽深鲜、纹理华美 线条清晰，装饰效果独特	局部墙面、背景墙、家具
橡木		白色或淡红色 纹理直或略倾斜 山纹纹理最具特色，具有很强的立体感 白橡适合搓色及涂装，红橡装饰效果活泼、个性	大面积墙面、局部墙面、背景墙、柱面、门、门窗套、家具
榉木		有红榉木和白榉木两类 红榉稍偏红色，白榉呈淡黄色 纹理细而直，或均匀点状 干燥后不易翘裂 非常适合做透明漆涂装	大面积墙面、局部墙面、背景墙、柱面、门、门窗套、家具
花樟木		木纹细腻而有质感，有光泽 纹理呈球状，大气、活泼，立体感强 具有较强的实木质感	局部墙面、背景墙、家具

续表

名称	例图	特点	适用范围
沙比利		红褐色，木质纹理粗犷 光泽度高，直纹款式有闪光感和立体感 表面处理的性能良好 可涂装着色漆，有仿古、庄重的效果	大面积墙面、局部墙面、背景墙、柱面、门、门窗套、家具
影木		乳白色或浅棕红色 纹理为波状，具有极强的立体感 不同角度欣赏，有不同的美感 结构细腻且均匀，强度高 特别适合 90°对拼	局部墙面、背景墙、墙面拼花、家具
乌金刚		呈黑褐色，木质紧密 纹理清晰且沿一定的方向排列 给人一种自然的韵味 富于节奏感，立体感强 装饰效果现代、优雅	局部墙面、背景墙、家具
黑铁刀		紫褐色深浅相间成纹 肌理致密，纹理优美 酷似鸡翅膀，又称"鸡翅木" 装饰效果浑厚大方 具有抗菌性，防虫蛀	局部墙面、背景墙、门、门窗套、家具

4 常用参数

木纹饰面板的常用参数包括甲醛释放量、表面胶合强度、含水率等，具体可参考下表。

木纹饰面板的常用参数

名称	常用参数
甲醛释放量	E1 级 ≤ 1.5mg/L，E2 级 ≤ 5.0mg/L
表面胶合强度	≥ 50MPa
含水率	6% ~ 14%

注：上表中的参数为部分木纹饰面板产品的平均值，不同厂家的产品数值会略有不同。

2. 木纹饰面板的施工流程及施工工艺

　　墙面基层建材不同，木纹饰面板饰面墙面的施工方式也略有区别，较为常见的基层有轻钢龙骨基层和混凝土基层两种。

①　轻钢龙骨基层木纹饰面板墙面施工流程及施工工艺

第一步：定位放线

　　按图纸的设计要求弹出隔墙的四周边线，同时按面板的长、宽分档，以确定竖向龙骨、横撑龙骨及附加龙骨的位置。如果原建筑基面有凹凸不平的现象，则需要进行处理，以保证龙骨安装后的平整度。

第二步：固定边龙骨

　　边龙骨的边线应与放线重合。在 U 形沿地、沿顶龙骨与建筑基面的交接处，先铺设橡胶条、密封膏或沥青泡沫塑料条，再用射钉或金属膨胀螺栓沿地、沿顶龙骨固定，也可以采用预埋浸油木模的固定方式。

第三步：安装竖向龙骨

　　将 U 形龙骨套在 C 形龙骨的接缝处，用抽芯拉柳钉或自攻螺钉固定。注意边龙骨与墙体间要先进行密封处理，再进行固定，最后安装横撑龙骨。

第四步：填充隔声材料

　　一般采用玻璃棉或岩棉板进行隔声、防火处理；采用苯板进行保温处理。填充材料应铺满、铺平。铺放墙体内的玻璃棉、岩棉板、苯板等填充材料应与安装另一侧的纸面石膏板同时进行。

第五步：安装基层板

　　对基层板进行阻燃处理，一般用 U 形固定夹将基层板与竖向龙骨紧密贴合在一起，再用自攻螺钉进行固定，安装时从上往下或由中间向两头固定，为避免收缩变形，板与板拼接处应留3~5mm的缝隙。

第六步：贴木纹饰面板

　　在安装木纹饰面板前需进行排版挑选，饰面板需表面色泽颜色相近、无明显结疤且纹路相通，在基层板和饰面板背面均匀涂刷万能胶。当胶水干燥到不黏手的程度后，将饰面板沿所弹墨线由一端向另一端慢慢压上，再用锤子垫木块由一端向另一端敲实。

第七步：清漆涂刷

　　在木纹饰面板黏结完成后，对板缝、四周边角部位进行修整，做到平、直。而后将表面清理干净，如果表面较为粗糙，需先用 360 ~ 400 号砂纸进行打磨。刮涂腻子两遍，每遍刮完后均需用砂纸打磨光滑。涂刷三遍底漆和两遍面漆，每道工序之间间隔 2 ~ 3 小时，干燥完毕后，使用 400 号砂纸打磨。

第八步：清洁、养护

　　清理干净漆膜表面，养护 7 天。养护期间最重要的是保持室内空气流通、温度的适中，这样可以保证表面的漆膜达到正常的硬度。

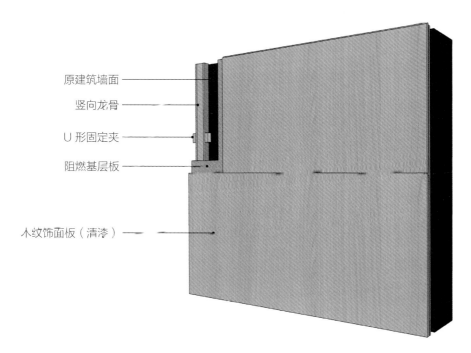

原建筑墙面

竖向龙骨

U 形固定夹

阻燃基层板

木纹饰面板（清漆）

轻钢龙骨基层木纹饰面板墙面三维示意图

轻钢龙骨隔配木纹饰面板设计的隔墙，很好地解决了电视墙无处设置的问题，同时又兼具隔断作用，分隔开了餐厅与客厅

② 木龙骨基层木纹饰面板墙面施工流程及施工工艺

第一步：定位放线

　　根据设计图纸，在地面上弹出隔墙中心线和边线以及门窗洞口线，再弹出下槛龙骨安装基准线。施工前在地面上弹出隔断墙的宽度线与中心线，并标出门窗位置，找出施工的基准点和线，通常按一定的间距在地面、墙面和顶棚面打孔，预设浸油木砖或膨胀螺栓。

第二步：固定龙骨固定点

　　弹好定位线后，如结构施工时已经预留了锚件，则应检查锚件是否在墨线内。如锚件与墨线偏离较大，则应在中心线上重新钻孔，打入防腐木模。门框边应单独设立筋固定点。如隔墙顶部未预埋锚件，则应在中心线上重新钻孔以固定上槛。

第三步：固定木龙骨

　　先安装靠墙立筋，再安装上、下槛。中间的竖向立筋之间的距离应根据罩面板材的宽度来决定，要使罩面板材的两头都搭在立筋上，并用胶钉牢固。横撑、斜撑的安装应以横向龙骨为先，在龙骨安装的过程中，要同时将隔墙内的线路布好。

第四步：基层板安装

　　经防火防腐处理的木龙骨距 300mm 用钢钉和木楔固定在混凝土墙体内，防火涂料三遍涂刷的 12mm 厚的多层板基层进行找平处理，并用钢钉将多层板与龙骨固定。

第五步：木纹饰面板安装

　　选择色泽相近、木纹一致的木纹饰面板。面积小的可胶粘（方式参照本页第六步），面积大的建议钉装。钉装木纹饰面板的钉距一般为 100mm，要求布钉均匀，钉头应打入板内 0.5 ～ 1mm。连接处不能起毛边，木纹对接需自然、协调。

第六步：清漆饰面、清洁养护

　　用与板材相同颜色的腻子对钉眼进行修补，而后进行涂饰，涂饰完成后分别进行清洁和养护。

／ 木纹饰面板墙柱面施工验收要点 ／

　　安装木纹饰面板所用连接件的数量、规格、位置、连接方法和防腐处理符合设计要求。

　　木纹饰面板与基层的连接牢固、结实、平整，表面平整、洁净、色泽一致，无裂痕和损伤。

　　木纹饰面板纹理顺直、花纹近似，无节疤、裂缝、扭曲、变色等缺陷。

　　木纹饰面板嵌缝密实、平直，宽度和深度符合设计要求，嵌缝材料色泽一致。

　　木纹饰面板上的孔洞套割吻合，边缘平直整齐，无毛刺。

　　涂饰完成后，表面应光泽均匀一致，没有刷纹、裹棱、流坠、皱皮等现象。

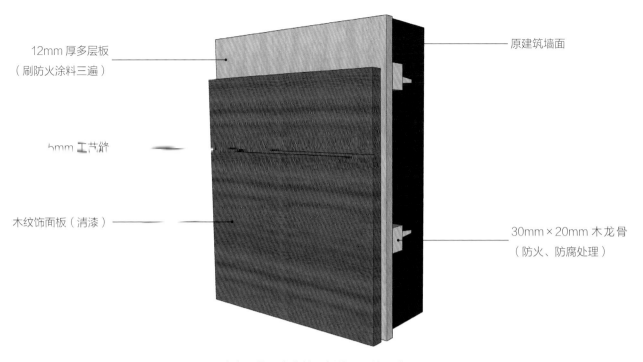

12mm 厚多层板
（刷防火涂料三遍）

5mm 工艺缝

木纹饰面板（清漆）

原建筑墙面

30mm×20mm 木龙骨
（防火、防腐处理）

木龙骨基层木纹饰面板墙面三维示意图

在建筑现有墙面上施工，使用木纹饰面板时多需搭配木龙骨和基层板，如果面积较大可以部分搭配条形实木，以线、面结合的方式来丰富整体层次

3. 木纹饰面板与壁纸结合的装饰效果与施工方法

对于一些纹理较淡的木纹饰面板，若大面积使用，则容易显得单调；而色彩较厚重的类型，大面积使用时容易显得沉闷。此时，就可适当采用一些立体造型来增加层次感。除此之外，还可与壁纸组合，塑造出适合不同风格的效果，并丰富空间整体的层次感。

1 施工流程

现场放线→基层处理→预埋木楔→固定木龙骨骨架→基层板固定→石膏板固定→石膏板批腻子找平→木纹饰面板安装→线条安装→木纹饰面板及线条涂饰→粘贴壁纸→清洁、养护。

2 注意事项

两者结合施工时，如果壁纸与木纹饰面板处于同一墙面上，则木纹饰面的边缘处建议用线条进行收口，这样不仅更美观，也可避免木纹饰面进入潮气而导致变形。

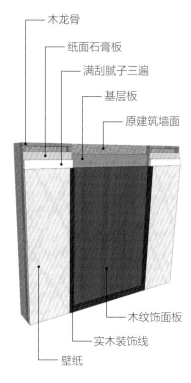

木龙骨
纸面石膏板
满刮腻子三遍
基层板
原建筑墙面
木纹饰面板
实木装饰线
壁纸

木纹饰面板与壁纸结合墙面三维示意图

空间墙面以极具艺术感的壁纸与浅色木纹饰面板结合，烘托出浓郁的艺术氛围，两者之间以线条过渡，更美观也更易于收口处理

室内面积较小，为了在彰显宽敞感的同时增添一些层次感，设计师用木纹饰面板与乳胶漆进行结合，两者平接并用线条过渡，质感简洁而层次丰富

4.木纹饰面板与涂料结合的装饰效果与施工方法

木纹饰面板与涂料结合时，涂料可选择如乳胶漆、硅藻泥等素雅的类型，能够更好地凸显木纹饰面板纹理的特点。整体可以采用立体造型，也可以采用平面相接的方式。后者可参考木纹饰面板与壁纸结合的施工流程和方式，下面主要讲解立体造型的施工流程。

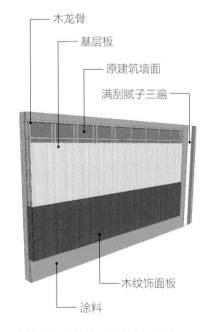

木龙骨
基层板
原建筑墙面
满刮腻子三遍
木纹饰面板
涂料

木纹饰面板与涂料结合墙面三维示意图

① 施工流程

现场放线→基层处理→预埋木楔→固定木龙骨骨架→基层板固定→原墙面满批腻子三遍→木纹饰面板安装→木纹饰面板涂饰→木饰面保护→涂料涂饰→清洁、养护。

② 注意事项

尤其注意木纹饰面板立体造型的立面与平面部分形成阳角的处理，通常可采用45°碰角收边或一侧留缝工艺。

5. 木纹饰面板与混油漆结合的装饰效果与施工方法

木纹饰面板与混油漆的大体施工步骤是相同的，仅在面层油漆方式上存在一些差别，所以结合施工也较为简便。混油漆为纯色，能够更好地凸显出木纹饰面板本身纹理的特征，所以建议选择纹理较为独特的类型。

1 施工流程

骨架施工法：基层处理→预埋木楔→固定木龙骨骨架→固定基层板→固定饰面板→油漆施工→填缝→清洁。

无骨架施工法：基层处理→预埋木楔→固定基层板→固定饰面板→油漆施工→填缝→清洁。

2 注意事项

所有木质类材料均需做防火、防腐处理。木纹饰面板与混油漆面板的交接处之间建议做坡口相接，并留出适当的缝隙，油漆完毕后用软性填缝材料填缝，为热胀冷缩留出空间，避免变形。

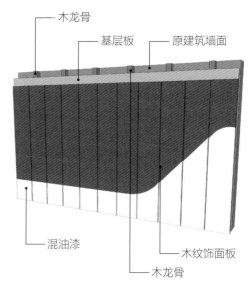

木纹饰面板与混油漆结合墙面三维示意图

电视墙上半部分用纹理十分独特的木纹饰面板进行装饰，与下方的白色混油漆面板形成了鲜明的对比，使空间的个性更为突出

背景墙两侧使用黑色木纹饰面板，中间结合浅棕色的硬包，塑造出了兼具品质感和高级感的装饰效果

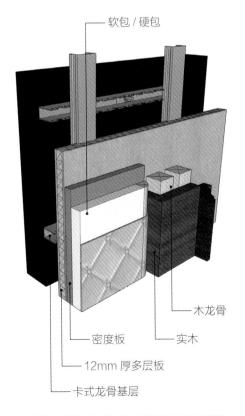

木纹饰面板与软硬包结合墙面三维示意图

6. 木纹饰面板与软硬包结合的装饰效果与施工方法

在室内空间中，实木与软包或硬包相接也是较为常见的一类设计，两者的碰撞可以提升整体装饰效果的档次和室内设计的质感，其中实木和硬包的结合适用范围更广泛一些，可时尚、可简约也可复古；而实木与软包结合则更显华丽，且两者结合时应注意室内面积的大小，避免产生局促感。

① 施工流程

现场放线→基层处理→安装龙骨→基层面板固定→木纹饰面板安装→成品软包/硬包安装→软包/硬包保护→木纹饰面板清漆涂饰→去除保护并清洁。

② 注意事项

木纹饰面板与软包/硬包交接处的侧面，需用木纹饰面板或者线条封边，而后再安装软包或硬包。

三、护墙板

护墙板并非现代产物，有着非常深远的文化历史与意义。经历了多个时期的发展后，现代的护墙板设计十分多样化，是高档装修中极具代表性的一种建材。

1. 护墙板的基本常识

① 简介

护墙板可装饰墙面，同时还能有效保护墙面，能为空间带来具有高级感的装饰效果。总体来说，护墙板可分为木质和塑料两类。按照制作原料分类，木质护墙板又可分为实木、复合木及纤维木等类型。

② 特性

装饰效果好。款式多样且可定制，装饰墙面能起到画龙点睛、丰富空间整体层次感的作用。

保温、吸音、耐磨。具有吸音降噪，促进睡眠，耐磨、防辐射、防紫外线、调节温差等功能。

施工污染少。设计后由工厂加工生产，施工现场只需组装，可有效减少现场污染。

施工简便、易维护。安装方便、快捷，且可多次拆装使用；比壁纸、墙砖、乳胶漆等建材更容易维护和保养。

③ 分类、特点及适用范围

按照造型形式，护墙板可分为整墙板、墙裙、中空墙板三种类型。

护墙板的分类、特点及适用范围

名称	例图	特点	适用范围
整墙板		墙面从上至下均覆盖 一般由"造型饰面板""顶线""踢脚线"三部分组成 其设计的基本特点就是尽量实现"左右对称"	大面积墙面、局部墙面、背景墙
墙裙		半高墙板，底部落地，以腰线收边 上面会在到墙顶之间的位置留出空白 空白处以其他装饰材料完成 没有整墙板造型那样灵活，多以造型均分为主	大面积墙面、局部墙面
中空墙板		芯板的位置通常不作木饰面 中间用其他装饰材料代替木板 设计方法与整墙板或墙裙基本一致 更具通透感且整体设计富有节奏感	大面积墙面、局部墙面、背景墙

④ 常用参数

护墙板的常用参数包括隔音指数、保温效能、导热系数等，具体可参考下表。

护墙板的常用参数

名称	常用参数
隔音指数	23
保温效能	安装房间和普通板安装室内温度相差 7℃，和油漆相比相差 10℃
导热系数	0.125

注：上表中的参数为部分护墙板产品的平均值，不同厂家、不同材料制作的产品数值会略有不同。

护墙板的形式十分多样，即使是简单造型的白色护墙板，也能够为室内空间带来高级的装饰效果

2. 护墙板的施工流程及施工工艺

护墙板的类型不同，安装方式也略有区别，下面介绍复合及纤维木护墙板和实木护墙板的施工流程及施工工艺。

1 复合及纤维木护墙板墙面的施工流程及施工工艺

第一步：防潮处理

铲平墙面，清除浮灰，对不平整的墙面应用腻子批刮平整。潮湿墙面应用防水涂料刷涂墙面。要确保墙面基层光滑平整、无颗粒物，保障墙板安装时的稳定性以及牢固度。

第二步：绘制示意图、放线

在绘制示意图前，要先检查墙面的干燥程度，符合要求方可施工，之后画出安装示意图，确定最佳组合方案，天花板与护墙板或墙与护墙板之间均要保留15 ~ 20mm 的空隙。计算后根据示意图准确地在墙面进行放线分格。

第三步：底架安装

首先把板条固定在墙上，板条是墙板基架，此外还可保证板材间的空气流通。板条尺寸应不小于20mm×40mm（厚×宽），间隔为400mm。固定板条时，要用长度足够的螺钉，表面不平时可使用木垫片。

第四步：安装护墙板

在靠墙的凸榫上置固定夹，并用小钉子固定在板条上，用（气泡）酒精水准器装第一块板。另外，也可用圆形镀锌钉固定饰板。在暴露出来的饰板榫里置放固定夹，钉入底架上的板条，将下一块饰板的相应边引入固定夹和前块饰板的榫槽里，依次操作。

第五步：安装顶角线、踢脚线

预留空隙处可置花式相配的顶角线、踢脚线，作为通盘装饰效果的一个组成部分或掩盖不平墙面接头处。

── / 复合及纤维木护墙板墙面底架安装注意事项 / ──

底架要正确支撑住所有的接通，一定要与饰面墙板走向成直角。

用单面、刨平的板条作木底架较简单，更易使装饰板平齐。

板条多少及框形取决于装饰板的长度、排列方式和空间形状。

垂直式底架适用于墙面干燥的空间，底架与装饰板的方向成直角，板条间距视装饰板长度而定。

在潮湿空间内应设交互式板条，表面一层板条与装饰板走向成道角。

如有必要，在固定处施木垫片以加固，有助于找平。隔垫材料应设在底架的板条间。

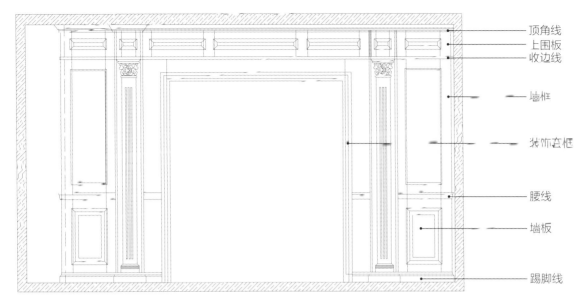

顶角线
上围板
收边线

墙框

装饰套框

腰线

墙板

踢脚线

复合及纤维木护墙板墙面结构示意图

室内空间中的墙面全部使用复合及纤维木材质的护墙板进行装饰，搭配深色系的实木家具，显得明快而具有格调

② 实木护墙板墙面的施工流程及施工工艺

第一步：基层处理

护墙板施工前，应保证抹灰墙面已完全干燥，含水率应在8%～10%，墙面平整。干燥后涂刷冷底子油，并贴上油毡防潮层。

第二步：放线

在墙壁施工部位弹出一条水平线（供横贴式用）或垂直线（供直贴式用）。

第三步：安装内挡

先将内挡固定于墙壁，如横贴式内挡应竖直排列，直贴式内挡应横向固定。内挡的平整度应调整好，内挡要求同中密度纤维板、排列密度视墙板的长度符合。如采用无内挡的施工方式，则此步骤可省略。

第四步：安装护墙板

用胶贴法时，现在内挡上涂刷胶水，而后在墙板背面对应的地方也涂上胶水。铺贴时，一块紧挨一块粘贴，但应注意长短、厚薄错落有序，也可用枪钉直接固定与内挡上。如不用内挡，可将胶水直接涂抹到施工部位，再将实木墙板的背面也涂上胶水，然后紧靠标准线，一片一片地直接粘贴即可，厚薄、长短应不规则粘贴。大板需要用不锈钢扣件辅助固定，扣件用钢钉安装。

第五步：安装线条

分别在顶、中、下处，用蚊钉固定顶角线、腰线和踢脚线。

第六步：涂饰、清洁

安装完毕后，先打磨砂光，然后刷涂油漆，油漆多漆成原木本色。全部完工后，要对墙面面层进行彻底的清洁。

/ 护墙板墙面施工验收要点 /

护墙板的品种、规格、颜色和性能符合设计要求。

护墙板安装牢固、结实、平整。

护墙板表面干净整洁，无胶痕、划痕和其他损伤。表面色泽一致，纹理顺直、花纹近似。

板面间缝隙宽度均匀，缝口紧密。棱面光滑，无毛刺和飞边。

上沿线水平无明显偏差，护墙板阴阳角垂直，阳角呈45°角紧密连接。

开关、插座等部分的洞口套割准确、整齐，交接处紧密、牢固。

护墙板面板表面的高差小于0.5mm；板面间留缝宽度均匀一致，尺寸偏差不大于2mm；单块面板对角线长度偏差不大于2mm；面板的垂直度偏差不大于2mm。

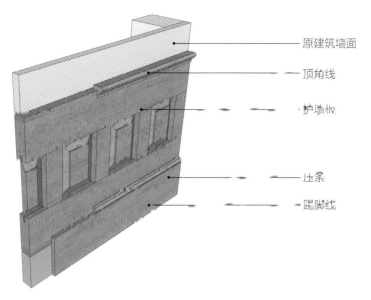

原建筑墙面

顶角线

护墙板

压条

踢脚线

实木护墙板墙面三维示意图

实木护墙板通常显示木材的纹理，适合用在具有自然感的风格空间中，烘托出浓郁的质朴、自然的韵味

3. 护墙板与壁纸结合的装饰效果与施工方法

护墙板与壁纸的结合形式与护墙板与乳胶漆结合十分类似，或墙面上半部分粘贴壁纸，下半部分使用墙裙式的护墙板；或整墙使用中空式护墙板，芯板处粘贴壁纸，这两种是比较常见的设计。此外还有背景墙安装护墙板，其他墙面粘贴壁纸的方式，这种组合方式较为少见。相比于护墙板与乳胶漆结合的方式，壁纸的可选花色更多，所以更有利于塑造个性的效果。

① 施工流程

基层找平→满刮腻子三遍→涂刷基膜→现场放线→安装护墙板→安装线条→护墙板保护→粘贴壁纸→去除保护并清洁。

② 注意事项

将壁纸粘贴在护墙板的芯板上时，需要选择醋酸乙烯乳胶成分较多的壁纸胶，这类壁纸胶质量较好，能让壁纸与墙板结合得更加牢固。如果是墙面上部分使用壁纸，下半部分使用墙裙，则需注意墙纸下沿与墙裙腰线相接处的细部处理。

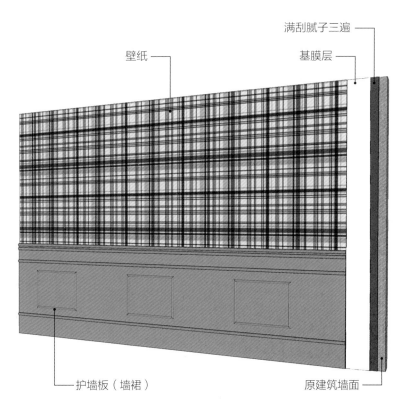

护墙板（墙裙）与壁纸结合墙面三维示意图

设计师选择用一副整体色调与护墙板一致的壁纸画与护墙板结合，统一中富有变化，为室内空间增添了浓郁的艺术感，简洁而又出彩

墙面两侧使用整墙板奠定了具有高雅感和高级感的基调，中间采用植物主题的壁纸与嵌裙相结合的方式制造出了变化感

4. 护墙板与石材结合的装饰效果与施工方法

这里的石材多指大理石，其纹理变化丰富，色彩多样，容易选到能够与护墙板形成和谐感的样式。两者结合多有主次之分，通常是以大理石为中心，两侧搭配护墙板。如果想要形成协调感强的效果，所选大理石的颜色要与护墙板接近，如白色组合浅灰等；如果想要形成活泼的效果，所选大理石的颜色应与护墙板差距大一些，如绿色组合浅灰等。

① 施工流程

基层处理→放线→大理石基层施工→安装大理石→大理石保护→安装护墙板→去除保护并清洁。

② 注意事项

大理石部分可根据安装面积选择施工方式（具体可参考大理石部分）。为了塑造层次感，大理石部分可突出护墙板一定厚度。如果想让大理石的边与护墙板结合得更具整体感，可用护墙板同色、同材质木框收口；如果想让两部分比较分明，可用大理石收边，与正面交接的阳角可 45° 拼接对角处理，也可"直碰"收口。

背景墙用造型感较强的灰色护墙板搭配白色大理石，彰显出了美式轻奢风格的高级感和品质感，纯色的护墙板使大理石多变的纹理显得更为突出，两墙互相衬托，让墙面的装饰感更强

造型简洁、大气的硬包块与造型略显复杂的护墙板结合，实现了简约与复古的碰撞，彰显出了轻奢风格的特征，整体墙面看似简洁，实则充满细节感和品质感

5. 护墙板与硬包结合的装饰效果与施工方法

成品硬包块的厚度相比软包更薄，与护墙板结合的设计更常见，通常用在欧式、美式或轻奢等风格的室内空间中。硬包通常会设计在护墙板芯板的位置上，作为背景墙的中心，两侧的护墙板会搭配一些造型感强的样式。如果是偏向简约的空间，硬包的造型可简洁一些；如果是偏向华丽的空间，硬包造型可复杂一些，在缝隙处可加入一些金色不锈钢条。

1 施工流程

墙面防潮处理→放线→护墙板安装→硬包块安装（胶粘＋射钉或胶粘）-→线条安装→清洁。

2 注意事项

这两种建材结合施工时，要在施工前先考虑好硬包块的样式，而后再搭配适合样式的护墙板，硬包块的边缘可用层级较多的木线条做收口，与护墙板之间形成自然的过渡，同时也可让硬包部分固定得更为牢固。

四、欧松板

欧松板是经一系列工艺制成的一种定向结构板材，国际上将其称为 Oriented Strand Board（OSB）。其制作原料来源广泛，是世界上发展最迅速的板材，在北美、欧洲的一些发达国家中已广泛用于建筑、装饰、家具、包装等领域。

1. 欧松板的基本常识

① 简介

欧松板是一种定向刨花板，其内部结构具有规律性，其上下两个表层将拌胶刨花板按纤维方向纵行排列，而芯层刨花横向排列，组成三层结构板胚，比普通刨花板更具稳定性和抵抗力。它是使用桉树、杉木、杨木间伐材等软针、阔叶树材的小径木、速生间伐材，加工成一定几何形状的木刨片，而后经干燥、施胶、定向铺装和热压制成的。可制造成大幅面板的规格，是传统胶合板、细木工板及中密度纤维板的代替品。欧松板可作为结构板材使用，面层使用其他饰面板覆盖装饰；也可作为饰面建材使用；最为特殊的是，欧松板可同时用作结构和饰面，如制作书柜、床头板、门等，面层无须再叠加其他装饰板材。国外有许多直接利用欧松板制作房屋的案例。

欧松板的纹理十分独特，且没有什么规律性，均为不规则的木片，用其做饰面或制作家具能够形成粗犷、质朴而又个性的效果

② 特性

效果独特：欧松板具有独特的木片状纹理，装饰效果自然而个性。

甲醛释放较少：欧松板中使用的胶粘材料为MUF环保胶粘剂，因此其甲醛释放量较低，几乎可以与天然木材相媲比。

结实、体轻：结实耐用，且比中纤板、刨花板、三聚氰胺板等板材重量轻。

稳定性好：无接头、无缝隙、裂痕，膨胀系数小，稳定性好，不易变形。

易加工、防潮：可以像木材一样进行锯、砂、刨、钻、钉、铧等操作，且具有非凡的防潮性。

握普通钉能力差：欧松板握螺钉力较好，但对普通钉的握钉能力较差。

③ 分类、特点及适用范围

根据不同等级，欧松板可分为 OSB-1、OSB-2、OSB-3 和 OSB-4 四种类型。

欧松板的分类、特点及适用范围

名称	特点	适用范围
OSB-1	一般用途板材 适用于室内干燥条件下	室内装饰装修用板 普通家具用板
OSB-2	具有较高的承载性 作为承重目的使用的板材 适用于室内干燥条件下	室内装饰装修用板，普通家具用板 木门、沙发的龙骨材料等
OSB-3	作为承重目的使用的板材 适用于潮湿空间条件下	房屋隔断墙、屋面的履盖板 装修、家具用板
OSB-4	重型承重板材 适用于潮湿空间条件下	房屋承重墙、隔断墙、屋面的履盖板

④ 常用参数

欧松板的常用参数包括甲醛释放量、密度、含水量等，具体可参考下表。

欧松板的常用参数

名称	常用参数
甲醛释放量	≤ E1
密度	600 ~ 620kg/m³
含水量	≤ 8%

注：上表中的参数为部分厂家的欧松板产品的平均值，不同厂家、不同材料制作的产品数值会略有不同。

2. 欧松板的施工流程及施工工艺

欧松板作为结构板材和作为饰面板材的施工方式是不同的，下面介绍欧松板作墙面饰面建材时的施工流程及施工工艺。其施工验收标准可参考木纹饰面板部分的内容，本节不再赘述。

第一步：基层处理

用垂线法和水平线法来检查墙身的垂直度和平整度，平整误差超过 10mm 的墙体，需重新抹灰浆修正。

第二步：放样、放线

根据设计图纸要求，在墙上画出水平标高线和造型外围轮廓线，并弹出龙骨分格线。如果不使用龙骨而使用挂件连接，则需弹出安装线。

第三步：安装墙面固定件

如果使用木龙骨，需用冲击钻头在放线的交叉点位置上钻孔，而后在孔中打入木楔（需做防腐处理）。如果使用轻钢龙骨，则需在孔内放入膨胀螺管，而后用膨胀螺栓固定连接件（U形固定夹）。

第四步：安装龙骨或基层板

如使用木龙骨基层，需先对木龙骨进行防火、防腐处理，而后再进行施工。也可使用轻钢龙骨骨架安装欧松板，轻钢龙骨与墙面之间采用连接件固定。如果墙面不做立体造型且较为干燥、平整，则可不使用龙骨，直接将基层板固定在墙面上。

第五步：固定欧松板

欧松板需正面卧钉，与木龙骨或基层板之间的连接应使用自攻钉，与轻钢龙骨之间通常采用十字头的钻尾丝固定。注意板边距离不能小于 12mm，锯角不能小于 25mm。边部均应以实木线条收边，以保证欧松板的强度。线条应先用胶黏剂粘贴，再用汽钉固定。

第六步：欧松板表面处理

先用 200 号砂纸初步打磨，再用 600 号砂纸打磨，使欧松板平整光滑。细砂纸打磨会使木纹紧密，减少木纹起粒现象。在上漆前要先批一遍调过色的灰（针对夸张板材），或上几遍透明腻子（针对细微坑洞板材），而后打磨光滑。

第七步：涂刷油漆

欧松板可涂饰清漆，也可涂饰混油漆（色漆）。油漆施工时需注意每道漆干后都要用水砂纸打磨，最少要涂刷或喷涂三道（二底一面）油漆，以保证漆膜的厚实度，如果涂刷五道（三底两面）则手感和装饰效果会更好。如果欧松板表面不是砂光的，则可用水性防火涂料和腻子。

第八步：清洁

将墙面整体清洁干净并进行保养。涂刷后要注意避免暴晒，否则易使漆膜脱落。

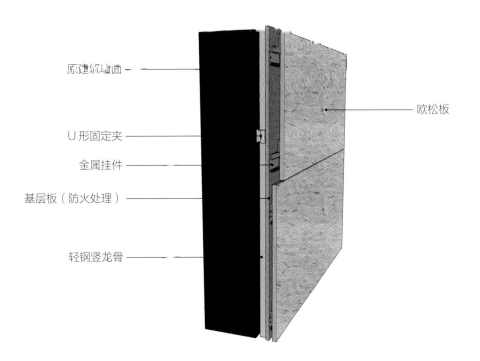

原建筑墙面

U形固定夹

金属挂件

基层板（防火处理）

轻钢竖龙骨

欧松板

欧松板墙面（轻钢龙骨基层）三维示意图

对欧松板表面进行清漆涂饰后，呈现出的颜色要比原本的颜色更深一些，与浅色的建材组合能够凸显出明快感

3. 欧松板与涂料结合的装饰效果与施工方法

　　欧松板表面具有独特的纹理，自然而又带有粗犷感，多见于工业风格室内空间中。实际上，如果搭配得当且控制好使用面，其也可以适用于现代风格、简约风格或北欧风格的空间中。涂料与欧松板搭配是一种较为百搭的做法，或细腻或粗糙的涂料表面，能使欧松板的个性表现得更为突出。

① 施工流程

　　基层找平→预埋木楔→满刮腻子三遍→现场放线→木龙骨防火、防腐处理→固定木龙骨骨架→安装欧松板→欧松板涂饰（不涂饰的则可省略此步骤）→欧松板保护→涂料饰面→去除保护并清洁。

② 注意事项

　　如果是欧松板突出于涂料的设计，则需注意收边，建议使用实木线条收边。如果欧松板与涂料为平接构造，则需注意高差的处理，涂料部分的底层可用夹板与欧松板找平。如果两者处于不同平面，则正常拼接即可。

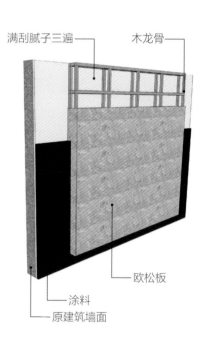

欧松板与涂料结合墙面三维示意图

　　设计师别出心裁地直接用欧松板制作隔断墙，在其表面涂刷黄色涂料，虽然欧松板表面被覆盖，但仍然能够显露出欧松板独特的纹理感，与转折面墙面上的黄色乳胶漆形成了光滑与粗糙的对比，实现了同色不同质感的拼接，让空间整体装饰更具层次感和独特性

镜面玻璃高反射、光滑的质感与欧松板粗糙的质感形成鲜明的对比，时尚与质朴同在、极具个性感、彰显出了主人独特、个性的审美观

4. 欧松板与镜面玻璃结合的装饰效果与施工方法

欧松板与镜面玻璃是两种不同质感的建材，这两种建材的质感都极具特色，所以结合造型时无须过于复杂，即使平面相接也能很好地表现出个性感。

① 施工流程

现场放线→预埋木楔→防潮处理→安装基层板→安装欧松板→玻璃固定→玻璃保护→欧松板涂饰→去除保护并清洁。

② 注意事项

基层板可使用12mm厚的多层板或厚度相同的其他结构类板材。镜面玻璃四周或两边可加装边框或装饰线条，以使镜面玻璃更牢固，同时还能起到装饰和过渡作用。如果担心墙面潮湿，可在基层板下加装木龙骨骨架。

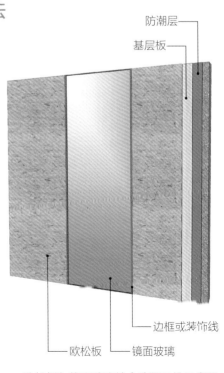

欧松板与镜面玻璃结合墙面三维示意图

五、实木

直接以原木为原料，经过简单的切割加工成各种宽度的板材，或继续进行简单的加工，而后制成的建材即为实木板。

1. 实木的基本常识

① 简介

以往，室内装饰所使用的实木建材多由珍稀树种制成，而今森林资源不断减少，因此，本书将用实木材料制成的板材或条板均纳入实木建材的范畴，即实木建材不再仅指代珍稀树种制成的木类建材。此类建材可分为三大类，第一类是由花旗松和赤松等常见树种加工制成的碳化木，其经过碳化处理，不怕潮湿，即使卫生间内也可使用；第二类是如古船木、二手木、有一定年岁的实木板等类型的古木，它们造型各异，有的为条板，有的为各种条形组合；第三类是非珍稀树种的原木，有板材、细条、马赛克等形态。类型不同，用处也略有区别，总体来说，实木在室内空间中可以用来制作背景墙、墙裙、吊顶等，有些甚至可以用来铺装地面。

② 分类、特性及适用范围

按照原料来源的不同，室内常用的实木可分为碳化木、古木、原木。

实木的分类、特性及适用范围

名称	例图	特性	适用范围
碳化木		用氧焊枪烧烤表面或经高温高压无氧污水处理制成 表面凹凸有质感，具有立体效果，纹理清晰 具有较高的尺寸稳定性，不易开裂变形 完全天然、安全耐久，防腐、防霉、防虫	护墙板、家具、吊顶、地板、木条板门
古木		指有一定使用年限的古老实木或使用过又重新利用的木材，包括但不限于各种木头、实木板、木地板、木墙板、船木等 有使用过或风化的痕迹，具有浓郁的沧桑感和自然感，装饰效果独特	背景墙、局部墙面、柱面、家具
原木		种类多样，常用的有黑胡桃木、桦木等 用天然原木制作，因此会存在天然树木的一些缺陷，如色差、结疤、黑点、矿物线等 可涂刷成各种纯色，长度和造型均可定制	大面积墙面、背景墙、柱面、局部墙面、吊顶

注：实木的原料来源不同，所以参数差距较大，这里就不再作详细的介绍。

用不规则的条形原木装饰背景墙，形成
了凹凸的层次感，虽然墙面面积较大且
仅使用了一种建材，但不会给人以单调
感，反而给人以统一中蕴含丰富变化的
感觉

空间内背景墙和顶面使用古木做装饰，
由于古木是经过一段时间的使用后再被
回收利用的，因此色彩和纹理均多变化、
不规则，即使墙面仅用其装饰，不叠加
任何造型，也能产生丰富的层次感，适
合喜欢自然感和个性的人群

2. 实木的施工流程及施工工艺

仅用实木饰面的墙，通常有龙骨法和夹板法两种施工方式，如原建筑墙面平整度较差、潮湿或要求实木部分凸出较多厚度，均可采用龙骨法进行施工；如果墙面平整度较佳或每块实木的尺寸较小，则可采取夹板法施工。在与其他建材组合施工时，则需根据实际情况，采取其他方式施工，如卡式龙骨夹板挂条法等。

① 实木墙龙骨法的施工流程及施工工艺

第一步：墙面检查、放线

墙面基层表面应坚硬、平整、干燥，如不符合条件则须进行相应的处理。在安装实木墙裙之前，应按设计图样及尺寸在墙上弹出水平标高线和板面分板线。

第二步：打木楔、处理墙面

在墙面标高控制线下侧 10mm 处用 16~60mm 的冲击钻头在墙面钻孔，钻孔的位置应在放线的交叉点上，而后打入经过防腐处理的木楔（或在砌墙时预先埋入木砖），木楔（或木砖）的位置应符合龙骨（或称护墙筋）分档的尺寸。然后对木龙骨进行防潮、防火处理。

第三步：钉装木龙骨

对于面积不太大的龙骨架，可以先在地面进行拼装后再将其钉上墙面；对于大面积的墙面龙骨架一般是在地面上先作分片拼装，而后联片组装固定于墙面。木龙骨与墙之间须铺设一层油毡用于防潮。龙骨必须与每一块木砖（或木楔）钉牢，在每块木砖上钉两枚钉子，上下斜角错开并钉紧。

第四步：检查龙骨架

安装龙骨后，要检查表面的平整度与立面的垂直度，阴阳角用方尺套方。为调整龙骨表面偏差所用的木垫块，必须与龙骨钉固牢靠。

第五步：防腐木安装

实木的安装通常有打槽、拼缝和拼槽等方式，根据设计应先做出样板（实样），预制好之后再上墙安装。如果是企口板，则应根据要求进行拼接嵌装，其龙骨形式及排布也根据设计要求作相应处理。墙裙安装完成后，将上沿收口线（或腰线）等线条安装到位。

第六步：填缝、补钉眼，涂饰

对板与板拼接处的缝隙进行填补，钉孔也需要做填补处理。对于未涂饰的实木，需使用适合的油漆对面层进行涂饰，如涂木器漆等。

第七步：墙面上部分饰面施工

如果设计为墙裙的样式，则上部分可以搭配涂料、壁纸等其他类型的建材。可在实木墙裙施工结束后，先对其进行遮盖保护，再进行墙面上部分的饰面施工。

第八步：去除保护、清洁

墙面上部分饰面施工完成后，去除实木墙裙的保护层，对墙面整体进行清洁。

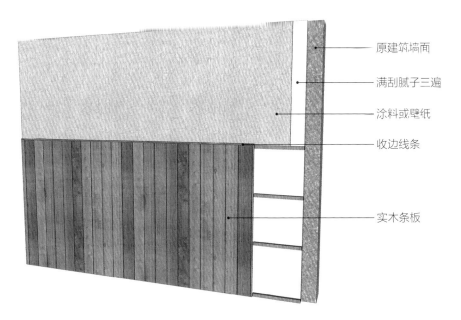

原建筑墙面

满刮腻子三遍

涂料或壁纸

收边线条

实木条板

实木墙龙骨法施工三维示意图

实木墙的拼接形式十分多样，除了常见的平接竖条拼接外，还有 V 字形、凹凸高差拼接等多种方式，只要能够顺利施工，可以对拼接形式
充分发挥想象，使装饰效果更为独特

② 实木墙夹板法的施工流程及施工工艺

第一步：墙面检查、放线

　　墙面基层表面应坚硬、平整、干燥，如不符合条件则需进行相应的处理。原建筑墙面如果已经刮好腻子则无须铲除，若不平整可打磨找平；如为水泥毛坯墙面，则需做好找平和防潮处理。根据实木在墙面上的安装位置，弹出水平施工线。如果需要分板块安装，则要弹出分板线。

第二步：固定龙骨及夹板

　　夹板打孔，通过孔位在墙面定位，定位点打孔后打入胶塞，木螺钉穿过夹板拧进胶塞（或者用钢钉固定）。夹板可根据所需厚度选择适合的类型，细木工板、胶合板等均可，施工前须做好防潮、防腐处理。如果墙面平整度较差或潮湿，夹板下可安装卡式龙骨。

第三步：预排，确定安装效果

　　施工前预先水平摆放实木，以确认施工后的效果。如果对纹理和色差有要求，则需将纹理接近或色差小的放在一起。若为实木马赛克，规则的需注意产品间的接口是否完全吻合；不规则的需事先调整整体的均衡性和美观性，如小块的木料可放在大块的木料旁边，薄的木料放在厚的木料旁边。

第四步：切割实木、涂胶

　　为了保证实木安装效果的良好，可切削调整其尺寸。为保持外观的美观性，建议使用简易推抬锯对产品进行切削。将胶黏剂（普白乳胶、免钉胶、玻璃胶、结构胶、木工胶等）均匀地抹在木板背面，为防止组装胶在产品未贴好前已经固化，涂抹面积应控制在与产品面积一致，然后产品背面同时抹上组装胶，以达到更好的黏结效果。

第五步：实木安装

　　将涂好胶黏剂的实木边缘与夹板边缘对齐，按压使其黏结到夹板上，并充分压实。根据情况需要，可用枪钉在木缝间强化牢固效果。条板应从一侧开始施工；马赛克或片状实木一般从下往上，按同方向的顺序铺贴。

第六步：补钉眼、填缝

　　条板或板块如果要求密接、不留缝隙，则须对拼接处的缝隙做填缝处理。用于辅助固定的钉孔，也须做填补处理。填缝剂或补缝材料的颜色需与实木颜色相一致。

第七步：涂饰、清洁

　　对需要涂饰的实木，进行表面涂饰，漆膜干燥后进行整体清洁。有些实木无需进行涂饰，则直接清洁即刻。

/ 实木墙面施工验收要点 /

　　施工所使用的实木的种类、颜色、纹理、尺寸等应符合设计要求。

　　实木表面应整洁、美观、平滑，无任何突出的毛刺。

　　杂色板允许有天然色差的，但整体组合应具有美观性。

　　实木与基层的连接应结实、牢固，无任何翘曲。对缝、收口等部位，应平整、顺直。

　　除实木本身存在的裂纹、节疤等，表面应无任何施工中造成的损伤。

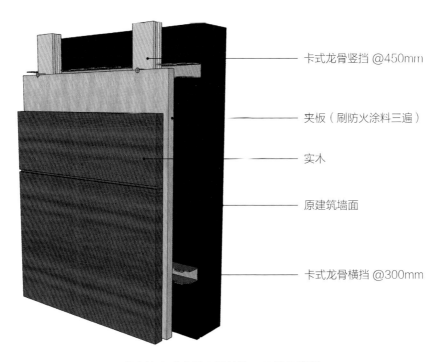

卡式龙骨竖挡 @450mm

夹板（刷防火涂料三遍）

实木

原建筑墙面

卡式龙骨横挡 @300mm

实木墙卡式龙骨夹板法施工三维示意图

室内大部分墙面均用实木做装饰，因为可以分板块安装，所以选择用夹板法施工。为了让整体层次感更强，主题墙部分使用了实木板块，而其他部分则使用了实木条

3. 实木与装饰玻璃结合的装饰效果与施工方法

玻璃是一种时尚感很强的建材，与实木能够形成一种质感上的碰撞，使室内的装饰效果呈现出多元化的感觉，且此组合不仅仅适用于现代风格的室内空间中，根据所选玻璃及实木种类的不同，也适用于其他室内风格空间。

① 施工流程

现场放线→基层处理→安装卡式龙骨→基层面板固定→实木安装→玻璃安装→玻璃保护→实木清漆涂饰（如无须涂饰可省去此步骤）→去除保护并清洁。

② 注意事项

两者结合施工时，玻璃两侧固定木线条，较大木线条内部用木条进行填充。成品玻璃用玻璃专用胶固定在细工木板上，木线条与玻璃间的间隙用颜色相近的玻璃胶收口。

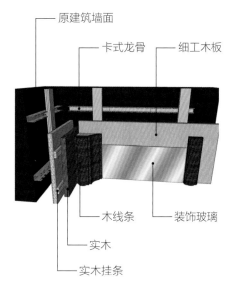

实木与装饰玻璃结合施工三维示意图

墙面用黑镜结合实木条板装饰，将木质自然多变化的质感与玻璃的现代感融合在一起，呈现出极致的对比感，简洁、个性又不乏时尚感

墙面整体以条状实木搭配同色乳胶漆做装饰，乳胶漆和实木呈现出不同的质感和造型，使整体空间呈现出统一又不乏层次感的视觉效果

4. 实木与涂料 / 壁纸结合的装饰效果与施工方法

除了一些纹理独特的艺术涂料外，其他涂料均属于易于搭配的建材，无论与显露木纹的还是被色漆覆盖的实木搭配，都十分合适。壁纸的花纹较多，与实木搭配时，要特别注意图案的选择，以达到具有和谐感的效果。

1 施工流程

基层找平→暗埋木楔→放线→安装龙骨架→固定夹板→刮腻子→安装实木板→乳胶漆涂饰 / 粘贴壁纸→实木涂饰→清洁。

2 注意事项

如果墙面平整度较高或施工部分较为干燥，可省去安装龙骨架的步骤，直接固定夹板。涂料或壁纸部分可直接在夹板上批刮腻子，而后按照该建材后续步骤施工即可。实木与涂料或壁纸之间若平接，需注意基层高差要协调。

六、软木板

软木也叫作水松、木栓、栓皮，是栓皮栎（国外称橡树）的外皮产物。栓皮栎是世界上现存最古老的树种之一，也是最珍贵的绿色可再生资源。春秋时代，中国已有关于软木的记载。

1. 软木板的基本常识

① 简介

橡树具有独特的结构，其生长至胸径大于 20 厘米后，即使剥掉外皮也能够成活，不会破坏现有林木资源。其还可重复采剥，长成后即可进行第一次采剥，以后每隔 10 ~ 20 年可再次采剥，一棵成木可采剥十多次，成品也可回收后重复利用，节能又环保。在室内装饰工程中，软木多用于制作地板、墙板等。

② 特性

结构独特。软木细胞结构独特且细胞结构腔内充满空气，因而软木板具有吸音、降噪、保温、隔振等功能。

天然、环保。软木板是纯天然、环保建材，而且集装饰性和功能性于一身。

隔热、防静电。软木板能有效节能，延长家用电器的使用寿命，减少静电带给人的危害。

化学性质稳定。软木板不会滋生各种虫菌、不腐朽、不老化、无异味，非常耐用、环保，且与弱酸、弱碱等极性物质无化学反应。

③ 分类、特点及适用范围

根据用途的不同，室内较为常用的软木饰面板可分为软木墙板和软木地板两大类。

软木板的分类、特点及适用范围

名称	例图	特点	适用范围
软木墙板		隔音降噪达可达到 30 ~ 50 分贝，是传统墙面材料无可比拟的 有拼花花色、浮雕触感等多种样式和颜色 视觉效果沉静、简约、纯朴	大面积墙面、局部墙面、背景墙
软木地板		弹性极佳，人即使摔倒也不容易受伤；行走在上面，能减轻腿部和脊椎的疲劳 种类较多，有纯软木、UV 或 PVA 漆软木、PU 漆软木、PVC 贴面软木及多层复合软木等，耐磨等级依次增强 软木地板的防水性极佳，甚至可用于厨房中	室内地面、厨房地面

4 常用参数

软木板的常用参数包括氧指数、焰类高度、防火等级、隔声效果等，具体参考下表。

软木板的常用参数

名称	常用参数
氧指数	22.2
焰类高度	40mm
防火等级	B1
隔声效果	接近 1 级隔声标准

注：上表中的参数为部分厂家软木板产品的平均值，不同厂家的产品数值会略有不同。

以木纹护墙板为主材的墙面温馨但略显单调，因此设计师在主题墙的书橱的两侧加入了软木板，在不改变原有温馨、质朴氛围的同时，还具有丰富层次感的作用

2. 软木板的施工流程及施工工艺

不同类型的软木板，施工方式也不同，墙面和纯地板主要采取黏结的方式进行施工，下面主要介绍这种施工方式。其他类型的软木地板的施工方式与合成地板类似，可参考合成地板部分的施工流程和工艺。

1 软木墙面的施工流程及施工工艺

第一步：墙面检查

板材墙面（大芯板、密度板、石膏板）应无上漆、无破损、无松动，板材对接处的表面及接口应平整；石膏（腻子）墙面，应首先砂光，然后封上水性漆或涂基膜，晾晒；水泥墙面应平整。

第二步：放线

板材上沿从墙面顶部开始放线，下沿从墙面底部开始放线。若需对称铺装，应找上下及左右中心点放线；若以主光线放线，则以主光一侧为基准放线。线到墙边的距离应是墙板宽度的整倍数或略小于墙板宽度的整倍数。若是在墙面中间或局部粘贴墙板，线应内靠 3mm 左右，以保证墙板铺贴后能充分将墨线遮盖。

第三步：涂胶黏剂

打开墙板，用滚筒在墙板背面涂胶，晾晒，待胶面完全干燥。往墙面滚涂胶水，先用刷子将各个边角涂刷砂胶胶水，然后用滚筒将胶均匀地涂到墙面上，晾晒，待墙面完全干透，即可安装软木板。

第四步：安装软木板

待墙板和墙面背胶干燥后，整理好粘贴工具，开始安装。将墙板沿线安装，一般用工字铺装方式，以方便粘贴。若客户需要特殊铺装方式，如对缝、斜铺等，应按客户要求施工。若遇墙角或线盒等，应不留间隙，严实无缝铺贴。

第五步：压合

粘贴完毕后，首先用手平推一遍，以使墙板与墙面之间无气体，实现无气对接。然后用皮锤敲击均匀，保证粘贴牢固。

--- / 软木墙面的施工方式 / ---

①田字式安装

操作：以中轴点为始点，以竖轴为边线，以水平轴为底线，进行对边对缝的处理，安装第一块墙板后顺次安装，安装好一个间区后，用滚轮进行按压。

②工字式安装

操作：从中轴点开始粘贴，以竖轴为边线、水平轴为底线，对边对缝，安装好第一排，继续安装第二排第一块，以这个片板的中点为起点，将其粘贴在第一排墙板第一、第二片墙板的接缝处，以此顺序类推。

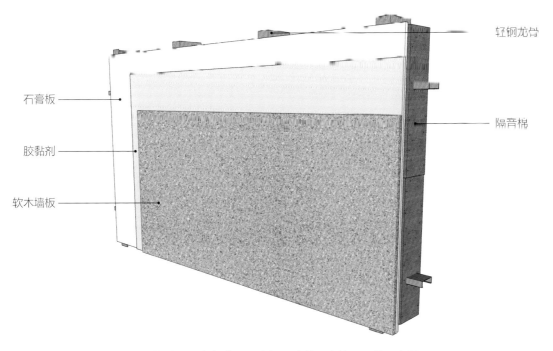

轻钢龙骨

石膏板

隔音棉

胶黏剂

软木墙板

软木板墙面（轻钢龙骨石膏板隔墙基层）施工三维示意图

软木板墙面施工主要采用粘贴法，其纹理比较丰富，选择恰当的面积设计在墙面上，不仅能够美化空间，还能够吸音降噪，如用在书房等空间能够为书房营造文化氛围，但如果选择的是纹理显著的软木板，则需要注意控制面积

② 软木地板施工流程及施工工艺

第一步：测量地面湿度

地面的湿度对软木地板的寿命起着决定性的作用，在铺设前需用电磁感应温度测量仪或温度计测量，随机测量 5 个点，并用塑料薄膜将四边封住，1 小时后检查湿度值，湿度值应小于 20%，如果湿度超过施工标准，应等地面干燥以后再施工。

第二步：毛地面清理

地面应干净、干燥、平整、牢固，用 2m 靠尺检测靠尺与地面的最大弦高应小于等于 3mm。用专用的铲刀将地面上的石膏、油漆、水泥硬块等突起物铲除，并进行原始地面吸尘，不留尘屑，使地面更干净。

第三步：毛地面修补

查找原始地坪缺陷，精工细凿，为提高原始地面的平整度，要做到不遗漏。

第四步：打磨地面

用打磨机对地面进行精磨，精确地面的平整度，使地面的误差控制在 2mm 以内。打磨后将尘土吸干净。

第五步：立面成品保护

对可能被碰到的墙面下半部分及家具边角等部位，粘贴保护层进行保护。

第六步：涂界面剂

滚涂界面剂，先对墙角进行手工涂布，这是原始地面与自流平水泥的最好溶结剂，保证地表基层与自流平水泥紧密黏结，并有一定的防潮功能。

第七步：自流平水泥施工

搅拌自流平水泥，在搅拌头旋转力的作用下让自流平水泥搅拌得更均匀，更细腻。水泥搅拌完成后，应尽快倒入施工现场，使自流平水泥在无风的状态下，用耙子耙平。耙平后，应尽快用排气滚桶进行放气处理，施工人员必须穿上钉鞋，保证自流平水泥的强度与质量。

第八步：打磨、吸尘

打磨自流平水泥，去除自流平水泥表面的毛刺或个别的高低差。做进一步的精找平处理，并对地面进行吸尘处理，做好涂胶前的准备工作。

第九步：粘贴软木地板

滚涂专业的水性环保胶水，先对墙角进行手工涂布，然后再进行滚涂。按计划线从中间向两边铺装软木地板，完美铺装图案，并减少损耗，与墙面之间不需要留伸缩缝。而后安装踢脚线。最后在软木地板表面滚涂专用油漆，并涂刷一遍保护液。

纯软木地板面层

自流平

界面剂

原建筑地面

软木地板地面施工三维示意图

软木地板的施工对地面基层要求较高，但只要处理好基层，即使是经常接触水的厨房空间也能铺装软木地板，从而带来舒适的脚感和个性的效果

3. 软木板与乳胶漆结合的装饰效果与施工方法

软木板具有很浓郁的自然气息，墙板最适用于北欧风格的室内空间中。其他风格的空间中，只要设计和纹理选择得当，同样可以适量使用墙板。单独使用软木板装饰墙面会略显单调，最简洁的增添层次感的方法就是与乳胶漆搭配，乳胶漆颜色多样但没有纹理，很适合用来衬托软木板独特的纹理感。

① 施工流程

基层找平→暗埋木楔（软木板安装位置）→满刮腻子三遍→现场放线→固定基层板→粘贴软木板→软木板边框线安装（如果有此设计）→软木板保护→乳胶漆饰面→去除保护并清洁。

② 注意事项

如果软木板的安装面积较小，可在乳胶漆涂刷完成后再进行安装。用铅笔标出安装位置，将基层夹板放在墙面安装位置上用钻头打孔，通过孔位在墙面定位，定位点打孔后打入胶塞，而后用螺钉固定夹板，将夹板表面处理光滑后，即可粘贴软木板和安装边框。

空间比较狭小，墙面不做造型看上去会更宽敞一些，为了避免单调，一部分墙面用软木装饰，搭配白色乳胶漆，既清爽又不乏自然感

第四章

饰面石材

　　石材具有丰富的纹理变化和颜色，一千多年前就被作为结构或饰面建材用于建筑装饰工程中，一直沿用到今天，但在现代建筑的室内中，石材则更多地作为饰面建材使用。本章详细介绍了各类饰面石材的性能、特点、适用范围、常用参数、施工要点、验收及与其他建材混搭施工等多方面的知识，有助于读者全面地了解饰面石材，从而更好地在室内设计中加以运用。

一、概述

石材是众多建材中耐磨、耐久性均比较优良的一种，且品种繁多，装饰效果高贵、典雅，因此，深受室内设计师的喜爱，被广泛运用于室内各个部位的装饰设计中，包括但不限于墙面、地面、柱面、台面等。

1.石材的分类及性能

石材的品种让人眼花缭乱。人们熟知的大多根据花色来命名，如大花白、大花绿、咖网、金线米黄、山西黑等，具体的种类通常被混淆，而从类型方面了解石材，更有利于掌握其特性。目前，市面上的石材根据原料的来源，总体可分为天然石材和人造石材两大类。

① 天然石材

从天然岩石矿中开采出来的石材即为天然石材。其主要矿物成分包括石英、长石、云母、方解石和白云石等，各种成分的性能有所不同。大部分石材都是由多种矿物组成的，组成的矿物的种类及所占比例，决定了该种石材的性能。除此以外，地质条件会影响石材的颜色、强度等性能。在室内空间中，较为常用的天然石材有大理石、花岗岩、洞石、砂岩、板岩等多种类型，其中，大理石因花色多、使用限制少而最受欢迎。

天然石材的主要性能

一是表观密度。天然石材的表观密度与其矿物组成、孔隙率、含水率等均有关系。表观密度大于 $1800kg/m^3$ 的为重石，可用在墙体、柱体、地面等部位；表观密度小于 $1800kg/m^3$ 的为轻石，多用于砌筑保暖房屋的墙体。石材的密度越大，结构越致密，其抗压强度就高、吸水率越小、耐久性越好，导热性也越好。大理石、花岗岩的密度约为 $2500 \sim 3100kg/m^3$，均属于致密性高的石材。

二是硬度和耐磨性。组成天然石材的矿物的硬度与构造决定了其硬度和耐磨性。矿物的致密性越高，所组成的石材的硬度越高，通常，抗压强度也越高，硬度也越大；而石材的耐磨性则与其组成矿物质的硬度、结构、构造特征以及石材的抗压强度和冲击韧性等有关。对于摩擦较多的部位，如地面，在选择石材时就需要特别关注其硬度和耐磨性，应选择耐磨性高的类型。

以天然石材为饰面建材，可以装饰墙面、地面等，使用范围广泛。而其自然、多变的纹理以及温润的色泽，给人以高贵、典雅的感觉。与其他建材混合搭配，还能够塑造出或时尚、或简约的气质

② 人造石材

人造石材指的是由一部分天然矿物、一部分人工合成原料或全部人工合成原料制作的环保型仿石材。人造石材非常环保和节能。室内较为常用的人造石材包括人造石和文化石等。

人造石材的主要性能

一类是人造大理石，以大理石碎料或方解石、白云石、玻璃粉等无机粉料为主，混合胶黏剂、颜料等制成。人造大理石具有强度高、硬度高、耐磨性能好、厚度薄、重量轻、加工性好等性能。

用人造大理石做柱体的饰面，可获得与天然石材接近的装饰效果，且重量比天然石材轻 25% 左右，能有效减轻楼层负重

另一类是人造文化石，其是以水泥、沙子、陶粒等配以颜料人工制成的。它拥有环保节能、质地轻、强度高、抗融冻性好等特点。

用人造文化石装饰墙面，可为现代空间增添一些粗犷、原始的韵味，其比天然文化石重量更轻、种类更多

本例背景墙是超高的类型，设计师采用了定制纹理的石材来进行装饰，与空间结合得更加紧密、更具一体感

2.石材的运用趋势

虽然人造石材出现后降低了天然石材的市场占有率，但是，现在每一年天然石材的需求量仍然巨大。随着市场的进一步细化和需求的变化，石材的运用趋势体现如下。

① 天然石材的运用趋势

天然石材的运用趋势主要表现在三个方面：一是石材与空间的结合使用，如室内外石材的一体化运用或拼花图案的深化定制等；二是技术进步带来的石材运用的变化，如石材表面的精加工出现更多可能性，或制成薄板与瓷砖等组合为复合建材等；三是服务整体化带来的变化，如一些加工商直接转变为同时负责提供方案的一方等。

② 人造石材的运用趋势

因为天然石材的原料不断减少以及开采受限，出于保护环境和节约能源的目的，人造石材在一些部位逐渐开始取代天然石材。而随着科学技术的不断进步，人造石材的研发不断深入，新的品种也将不断增多，其外观与天然石材将越来越接近，运用范围也将越来越广泛。

二、大理石

　　大理石是石灰岩或白云石经过地壳高温、高压作用形成的一种变质岩，通常为层状结构。从大理石矿体开采出来的块状石料称为大理石荒料，荒料经锯切、磨光等加工程序后得到的才是大理石装饰板材。其品种丰富、种类多样。

1. 大理石的基本常识

① 简介

　　大理石具有明显的结晶和纹理，主要矿物成分为方解石和白云石，属于中硬度石材。其颜色变化多端，纹理错综复杂、深浅不一，光泽度也差异很大。质地纯正的大理石为白色，俗称汉白玉，是大理石中的珍品。如果在变质过程中混入了其他杂质，就会出现各种色彩或斑纹，从而形成其他品种的大理石。也正是因为其斑斓的色彩以及质地特点，大理石自古就是高档建材。

空间中用大理石和金属结合做背景墙的主材，彰显高档、现代的气质。白色大理石上自然的纹路，具有丰富的层次感，即使整体造型较为简洁，但并不显得单调

② 特性

良好的装饰性。大理石辐射低且色泽艳丽、色彩丰富，装饰效果华丽。经过抛光处理后的大理石板材非常美观。

物理性能稳定。大理石组织细密，受撞击晶粒脱落后表面不起毛边，不影响平面精度，材质稳定，能够保证长期不变形，防锈、防磁、绝缘。

加工性能优良。大理石可锯、可切，可磨光、钻孔、雕刻等。

易保养。大理石不必涂油，不易粘微尘，维护、保养方便简单，使用寿命长。

③ 分类、特点及适用范围

据不完全统计，我国用于建筑装饰的天然大理石多达 300 多个品种，可分为多个色系，较常见的大概有十几种，品种不同，性能和特点也存在一些差异。总体来说，大理石可用于墙面、柱面、地面、台面、装饰构件、门窗套、踢脚线、过门石等部位。除此以外，还可用边角料制作成"碎拼大理石"墙面或地面。

大理石的分类、特点及适用范围

名称	例图	特点	适用范围
雅士白		色泽白润如玉，含浅灰色纹理 美观而又高雅，是颜色最白的大理石 能体现出高贵、儒雅的一面 质地偏软，价格高	墙面、地面、柱面、门套、台面、踢脚线
爵士白		乳白色大理石 形状以曲线为主，图案清晰、均匀、密集且独特 硬度小，易加工；易变形，易被污染 底色越白，品质越好	墙面、柱面、装饰构件、台面、洗手盆
大花白		板底色是米黄色，带有暗色的云朵状纹理 光度好，硬度好，易胶补 装饰风格清新淡雅	墙面、地面、柱面、装饰构件、台面
西班牙米黄		底色为米黄色，有各种色线或红线 花纹有米粒、白花等 耐磨性能良好，不易老化	墙面、柱面、地面、门窗套、台面

名称	例图	特点	适用范围
莎安娜米黄		底为米黄色，有白花 光泽度好，有"米黄石之王"的美誉 耐磨性好，硬度较低，出现裂纹难以胶补	墙面、柱面、门窗套
旧米黄		板底色是米黄色，带有暗色的云朵状纹理 光度好，硬度好，易胶补 装饰风格清新淡雅	墙面、地面、柱面、装饰构件、台面
波斯灰		底色为米黄色，有各种色线或红线 花纹有米粒型、白花型等 耐磨性能良好，不易老化	局部墙面、柱面、地面、台面、门窗套
紫罗红		底色为深红或紫红，还有少量玫瑰红 纹路呈粗网状，有大小数量不等的黑胆 装饰效果好，色调高雅、气派 耐磨性能好	局部墙面、门窗套、过门石
大花绿		底色为深绿色，有白色条纹 色彩鲜明，装饰效果突出 坚实，耐风化，密度大	局部墙面、地面、柱面、装饰构件、门窗套、台面、踢脚线、过门石
啡网纹		底色有深色、浅色、金色等多种 纹理浅褐、深褐与丝丝浅白的错综交替 安装时反面需要用网，长板易有裂纹	局部墙面、地面、门窗套、台面

名称	例图	特点	适用范围
银白龙		底色为黑色或灰色，纹路似龙形，色彩对比分明 黑色是黑底白纹，灰色是暗灰底白纹 不同板块的颜色、花纹差异性较大	局部墙面、地面、门窗套、过门石
黑金花		深咖色底色，带有金色花朵 装饰效果华丽，是大理石中的王者 质感柔和，美观庄重 抗压强度高	局部墙面、地面、柱面、装饰构件、门窗套、台面、踢脚线
黑金砂		黑色底色，内含"金点儿" 装饰效果尊贵而华丽 结构紧致，质地坚强 耐酸碱，吸水率低，适合做过门石	局部墙面、地面、台面、过门石、踢脚线

④ 常用参数

大理石的常用参数包括体积密度、矿物密度、硬度、吸水率、干燥压缩强度、干燥/水饱和弯曲强度等，具体参考下表。

大理石的常用参数

名称	常用参数
体积密度	≥2.3g/m³（室内地面）；≥2.6g/m³（干挂）
矿物密度	2.6～2.8g/m³
硬度	摩氏硬度（MOHS）2.5～5
吸水率	≤0.5%
干燥压缩强度	≥500MPa
干燥/水饱和弯曲强度	≥/MPa

注：上表中的参数为部分大理石产品的平均值，不同品种的产品数值会略有不同。

2. 大理石的施工流程及施工工艺

大理石墙柱面的常见施工方法有干挂、干粘、胶粘锚固三种。

① 大理石墙柱面干挂施工

第一步：基层处理

采取经纬仪投测与垂直、水平挂线相结合的方法进行放线。基层墙面清理干净，不得有浮土、浮灰，将其找平并涂好防水剂。

第二步：测量放线

施工前按照设计标高在墙体上弹出水平控制线和每层石材标高线。根据石材分隔图放线后，确定膨胀螺栓的安装位置。

第三步：预埋钢板

将镀锌钢板用膨胀螺栓预埋在新砌或原有的建筑墙体上。

第四步：钢架焊接

镀锌槽钢通过连接件与预埋的钢板焊接，角钢焊接在槽钢上，T形不锈钢石材挂件用不锈钢螺栓与角钢固定。

第五步：安装大理石

在大理石饰面板背面需要固定挂件处开槽，而后将大理石与挂件嵌缝安装，并测试板面的稳定性。在墙角阴角处采取直碰的收口方式。两块大理石交接时，对其中一块的阳角端点进行欧洲古典建筑线型磨边的艺术化处理。

第六步：板缝处理

清扫接缝，嵌入橡胶条或泡沫条。打勾缝胶封闭。根据大理石的颜色调色浆并嵌缝，边嵌边用抹布清除所有的石膏和余浆痕迹，使缝隙密实均匀、干净且颜色一致。

/ 大理石墙柱面干挂施工注意事项 /

对施工人员进行大理石饰面干挂技术交底时，应强调技术措施、质量要求和成品保护。

在施工前，需要以涂刷、浸泡等方式将防护剂涂布在大理石表面，进行防护，最佳方式为六面防护。

放线应根据设计意图及立面图纸排版进行且必须准确，经复验后方可进行下一道工序。

钢骨架配件应做防锈、防腐处理，焊点应做防腐处理。

若无设计说明，所有不锈钢螺栓均需配置弹簧垫片。

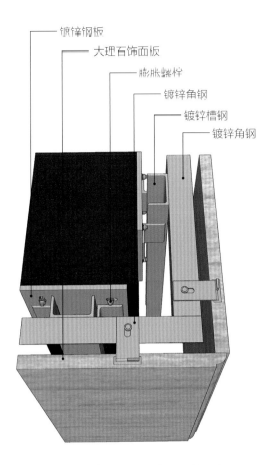

镀锌钢板
大理石饰面板
膨胀螺栓
镀锌角钢
镀锌槽钢
镀锌角钢

大理石墙柱面干挂施工（阳角）三维示意图

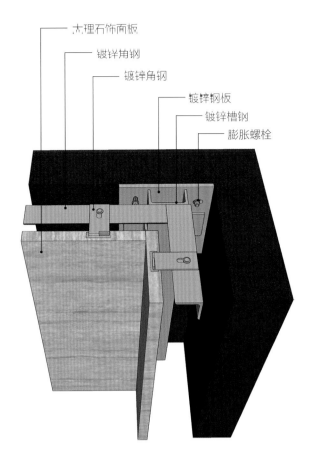

大理石饰面板
镀锌角钢
镀锌角钢
镀锌钢板
镀锌槽钢
膨胀螺栓

大理石墙柱面干挂施工（阴角）三维示意图

大理石墙柱面干挂施工的优点是效率高，抗震性好，不会返碱；缺点是挂件较多，厚度大，造价高。当墙面高度超过 2 米，或者石材版面分格较大时，大理石必须采用干挂法进行施工，以确保安全性

② 大理石墙柱面干粘施工

第一步：定位放线

按照设计图纸，在墙面上弹出石材安装的位置线和钢架纵横中心线，同时在墙面大角处弹出水平和竖直的控制线。

第二步：安装钢架

钢架采用纵横型钢焊接。钢架立柱采用镀锌槽钢，先用角钢角码与结构墙体连接固定，将槽钢与角码焊接，钢架横梁分别采用 40mm×4mm 和 50mm×5mm 的镀锌角钢，在角钢横梁相应位置焊接角钢角码，同时在石材黏结处的角钢横梁与角码上钻孔，并在焊接处涂刷防锈漆。

第三步：粘贴石材

在钢架横梁开孔处涂抹适量胶体，在石材安装过程中从孔中压出余胶，形成锚固点。再在石材背面相应黏结位置抹胶后粘贴，钢架与石材饰面板之间胶的厚度应为 4~6mm。完成面板找直找平后，立刻用快干胶在横梁角钢下方进行固定。钢架横梁与角码黏结点处，如果刷有防锈漆，必须用角磨机将其磨去。

第四步：嵌缝清洁

石材安装完成 24 小时后，沿板缝两边粘贴美纹纸，嵌入密封胶并等其凝固后再揭下美纹纸，清理板面。

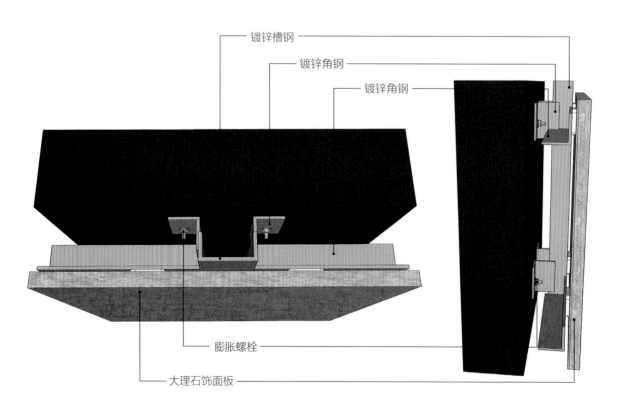

镀锌槽钢
镀锌角钢
镀锌角钢
膨胀螺栓
大理石饰面板

大理石墙柱面干粘施工三维示意图

大理石干粘墙柱面施工的优缺点与干挂施工类似，但是厚度比干挂更薄一些，使用的钢件数量也更少。当墙面高度低于 3 米，大理石为大板或中板时，为了确保大理石安装的稳固性，可以采用干粘法进行施工。

③ 大理石墙柱面胶粘锚固施工

第一步：放线、基层处理

在墙面上弹出墙体剔槽打孔位置分布线和水平及垂直的控制线。在建筑墙面沿所弹墨线进行剔槽打孔，打孔深度应大于或等于60mm。

第二步：安装钢板、挂件

选取厚度为6mm的钢板，在钢板四角打上直径为6mm的孔，中央打上10mm或12mm的孔，板材中央焊入 ϕ 10 或 ϕ 12 的钢筋。在石材连接处用处理好的钢板进行安装，四角开孔处用螺栓穿入与石材固定，钢板与石材间的缝隙用胶进行填充。

第三步：安装大理石

将大理石背面的钢板中央的钢筋深入墙面孔洞中，确定大理石安装正确后，在钢筋与墙面孔洞缝隙处注入胶进行固定。石材之间粘贴固定的用胶厚度不得小于3mm，为保证效果，若粘贴面过于光滑必须作粗糙处理，且必须清除影响粘合效果的东西。

第四步：板缝处理

清扫接缝，嵌入橡胶条或泡沫条。打勾缝胶封闭。根据大理石的颜色调色浆并嵌缝，边嵌边用抹布清除所有的石膏和余浆痕迹，使缝隙密实均匀、干净且颜色一致。

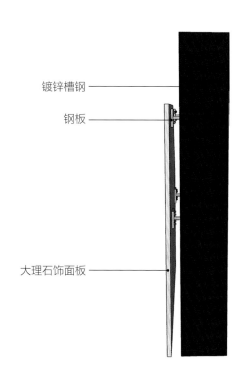

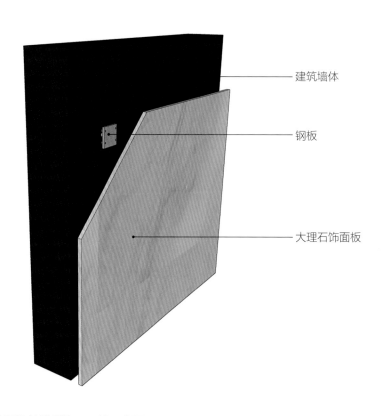

镀锌槽钢

钢板

大理石饰面板

建筑墙体

钢板

大理石饰面板

大理石墙柱面胶粘锚固施工三维示意图

大理石胶黏锚固墙柱面，与另外两种墙柱面施工方法相比，厚度更薄、使用的金属件更少，造价更低，施工效率高，且不会返碱；但是抗震性弱一些，且承重能力弱。当墙面高度较低且使用的大理石为中、小板时，更适合采用此种施工方法

/ 大理石墙柱面施工验收要点 /

大理石的品种、规格、图案和颜色应符合设计要求。

墙面尺寸、起拱和造型应符合设计要求。

固定的角钢和平钢板应安装牢固，并符合设计要求。

钢架结构挂件和大理石的连接应牢固。

大理石表面应平整、洁净，拼花正确，色泽一致。无翘曲、裂缝、缺损等质量问题。

大理石的缝格应均匀、宽窄一致，板缝通顺，接缝填嵌密实。

突出物周围的板应采取整板套割，尺寸准确，边缘温和整齐、平顺。

3. 大理石与壁纸结合的装饰效果与施工方法

大理石与壁纸均为室内较为常用的建材，并且花色的选择性都非常大，将两者结合起来，能够使室内整体装饰的层次感更丰富，并且能够为室内设计方案提供更多的选择性。

① 施工流程

现场放线→建材加工→石材干挂框架固定→基层处理→壁纸基层制作→干挂石材→贴壁纸→完成面处理。

② 注意事项

上下组合时，壁纸需要以双层纸面石膏板为基层，大理石适合采用干挂法进行施工。石材靠壁纸一侧设置 10mm×5mm 的工艺缝，与墙面形成工艺槽，裱贴壁纸时将壁纸边缘伸进工艺槽内摸贴平整。如果两者是左右结合，或大理石在中间壁纸位于两侧，交界处可按上述方式进行处理，也可根据具体设计选择其他处理方式。

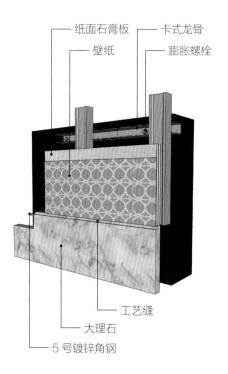

大理石与壁纸结合施工三维示意图

大理石设计在中间、两侧搭配暗纹壁纸，两种建材的色调一致但纹理不同，在统一的基调上有所变化。因为大理石的厚度凸出于壁纸部分，所以使用装饰线为壁纸收边，避免翘边的同时还能起到增加节奏感的装饰作用

4.大理石与装饰玻璃结合的装饰效果与施工方法

大理石中的一些品种，具有很强的时尚感，如白色系、灰色系、黑色系等，搭配同样质感的玻璃材质，能够塑造出具有极强时尚感和现代感的风格空间。

① 施工流程

现场放线→建材加工→基层处理→干挂石材框架制作→装饰玻璃基础制作→干挂石材→安装装饰玻璃→完成面处理。

② 注意事项

两者结合施工时，装饰玻璃下方需要使用细木工板等基作为基层板，大理石则建议采用干挂施工法。两种建材的规格需提前进行定制，现场不宜再次进行加工。两者平接时，要注意收口的处理，角应打磨圆润，并留出适当的缝隙。

设计师将大理石与装饰玻璃结合设计客厅背景墙，因为两者都属于光泽感很强的建材，而玻璃的反射性更强，过大面积使用容易让人感觉晕眩，所以仅设计在下方，且使用面积较小，与大理石结合后并不影响其现代、时尚的气质，反而使整体更具高级感

5.大理石与木饰面结合的装饰效果与施工方法

　　大部分大理石的表面都会做抛光处理，非常光洁，而木饰面则给人自然、温润的感觉，这两者的结合是两种截然不同的质感的碰撞。

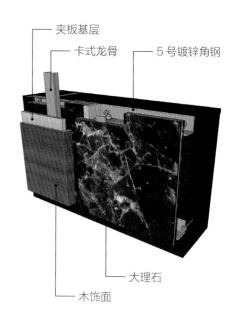

夹板基层

卡式龙骨　　5 号镀锌角钢

大理石

木饰面

大理石与木饰面结合施工三维示意图

① 施工流程

　　现场放线→基层处理→轻钢龙骨固定→卡式龙骨固定→夹板固定→大理石专用 AB 胶调和→大理石安装→木饰面安装→完成面处理。

② 注意事项

　　施工时，石材采用干挂法安装，木饰面用卡式龙骨固定夹板。先安装石材，再安装木饰面。木饰面相接的部分留 V 形缝或留凹槽，大于 5mm 贴木皮，小于 5mm 调和与大理石相同颜色的腻子填补。木饰面部分可使用成品木饰面，也可使用木纹饰面板或木皮，后者可直接用胶粘法或用枪钉固定在夹板基层上。

背景墙的设计整体以木饰面为主，搭配一块大理石整板作为点睛之笔，自然形成的图案多变、梦幻，让人惊叹，与木质部分相对规则的纹理形成了鲜明的对比，不仅层次感更强，也提升了空间整体装饰的高级感和品质感

用灰色系的大理石边框包围水墨主体的壁纸，两侧结合灰色系硬包，整体给人大气、高级又不失雅致的感觉

6.大理石与软硬包结合的装饰效果与施工方法

大理石与软硬包结合的施工相对来说较为烦琐，造价也相对较高。大理石与软包结合具有奢华感，而大理石与硬包结合则更现代、时尚，适合的风格也更多样，如现代风格、简欧风格、新中式风格等均适合。

① 施工流程

现场放线→基层处理→轻钢龙骨施工→细工木板固定→铺贴石材→成品软硬包安装→完成面处理。

② 注意事项

注意软硬包与大理石交界处的细部处理。若大理石部分凸出，成品软硬包边缘可不做处理，也可根据设计需要做相应处理；若两者为平接，则软硬包两则建议用不锈钢嵌条等做收边和过渡；若软硬包在中间，周边可直接用大理石线条收边。

- 5号镀锌角钢
- 石材干挂件
- 不锈钢嵌条
- 细工木板基层
- 大理石
- 成品软包/硬包

大理石与软硬包结合施工三维示意图

三、文化石

文化石的运用有着悠久的历史，西方很多古城堡的外墙上多见其身影。以前，建筑中所使用的文化石为板岩、砂岩、石英石等天然石材。除了方形石外，施工均较困难，且天然石矿的资源也越来越紧张，所以现在室内装饰所使用的文化石主要为人造文化石。

1. 文化石的基本常识

① 简介

文化石是一种仿照自然石材的外形，以水泥、砂石、陶粒等无机材料，灌入模具制成的装饰建材，成品几乎可以假乱真，是毛石、鹅卵石等天然石材的环保性代替品，在室内空间中多用于墙面的装饰。

② 特性

绿色环保。文化石无异味、吸音、防火、隔热、无毒、无污染、无放射性。

质轻。与原石相比，同样的规格下，文化石的重量仅为原石的 1/2 ～ 1/3，无须墙基进行支撑。

施工方便。文化石切割方便、可随兴拼贴，安装简单，安装费用仅为天然石材的 1/3，工期短。

经久耐用。文化石不褪色、耐腐蚀、耐风化，强度高，抗冻与抗渗性好。

易清洁。经防水剂工艺处理，文化石不易粘附灰尘，免维护保养，易清洁。

③ 分类、特点及适用范围

文化石种类繁多，主要通过外在形状、色彩以及纹理进行区分。较为常用的文化石有城堡石、层岩石、乱片石、仿砖石和鹅卵石等多种类型。

文化石的分类、特点及适用范围

名称	例图	特点	适用范围
城堡石		外形仿照城堡外墙形态和质感制成 有方形和不规则形两种类型 多为棕色、青灰色和黄色 排列多没有规则，颜色深浅不一	局部墙面、背景墙
层岩石		最为常见的一种文化石 仿照岩石片层层堆积的形态和质感制成 有灰色、棕色、米白色、米黄色等颜色 排列较规则	大面积墙面、局部墙面、背景墙

名称	例图	特点	适用范围
乱片石		仿照不规则形状石片的形态和质感制成 形状不规则，无规律 有棕色、灰色、土黄色等颜色 装饰效果个性而古朴	局部墙面、背景墙
仿砖石		较为常用的一款文化石，价格最低 仿照砖的形态和质感制成 有红砖、黄砖、灰砖、白砖等样式 排列规则、有秩序感	大面积墙面、局部墙面、背景墙、壁炉
鹅卵石		仿照鹅卵石的质感及样式制成 排列多没有规则 有鹅卵石片和鹅卵石两种样式 有棕色、灰色等颜色	局部墙面、背景墙

④ 常用参数

文化石的常用参数包括体积密度、吸水率、压缩强度、弯曲强度、抗冻性、耐人工气候老化性等，具体参考下表。

文化石的常用参数

名称	常用参数
体积密度	$\leqslant 1000kg/m^3$
吸水率	$\leqslant 6\%$
压缩强度	$\geqslant 15MPa$
弯曲强度	$\geqslant 4MPa$
抗冻性	$\geqslant 80\%$
耐人工气候老化性	外观质量、颜色无变化

注：上表中的参数为部分文化石产品的平均值，不同厂家的产品数值会略有不同。

2. 文化石的施工流程及施工工艺

总体来说，文化石可分为较为规则和不规则两大类，前者可大面积使用，后者更适合小面积使用。无论哪种文化石，墙面施工均需依靠水泥砂浆进行铺贴。

第一步：墙面处理

将墙面处理干净并做成粗糙面，如果墙面为塑料或木质等低吸水性光滑面，应加铺铁丝网，做出粗糙底面，充分保养后再进行铺贴。

第二步：弹线、试排

铺贴前需将岩石在平地上排列搭配出最佳效果，相近尺寸、形状、颜色的岩石不要相邻，而后分区码放，面积大时需编号。

第三步：建材准备

将文化石充分浸湿。黏结剂可选 425 号以上的白水泥、普通水泥（水泥：砂：801 胶水的比例为 1：2：0.05）或陶瓷黏结剂。

第四步：铺贴文化石

除仿砖石底部可涂布薄薄一层黏结剂外，其余款式涂抹黏结剂时需使其在石片底部中央堆成山形。粘贴顺序为由外向内、由下向上，有转角先贴转角，再向内贴平石片。粘贴时要充分按压，使石片周围可看见黏结剂挤出。遇到不规则形状时，可对石片进行切割，来调整铺贴效果。

第五步：填缝、清理

填缝可用塑料袋装填涂料来操作，缝隙越深立体效果越好。填缝剂初凝后，将多余的填料除去，用沾水的毛刷清理缝隙。

第六步：喷涂防护剂

若铺设区域有阳光直射，待产品和填缝剂完全干燥后，可喷涂防护剂进行防护处理。

/ 文化石墙面施工验收要点 /

所用人造文化石应质地坚硬，品种、规格、尺寸、色泽、图案必须符合设计规定。

石片镶贴必须牢固，粘贴强度符合要求。石片无歪斜、缺棱、掉角和裂缝等缺陷。

相邻石片大小、形状、颜色组合得当。

石片表面应整洁，无任何脏污。石片应无起碱、无显著的受损处及空鼓现象。

除砖石外，其余款式的水平向通缝不应超过 80cm，竖向通缝不应大于 30cm。

勾缝处理应平整、均匀、填嵌密实，宽度均匀、深浅一致。

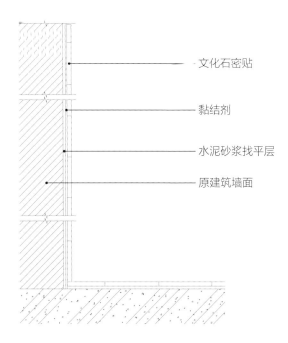

文化石墙面施工示意图

文化石密贴

黏结剂

水泥砂浆找平层

原建筑墙面

文化石墙面通常均需要做勾缝处理，以使黏结更牢固且可避免落灰尘，但如果追求自然感，也可如此案一般不做勾缝处理

3. 文化石与石膏板结合的装饰效果与施工方法

当墙面需要制作一些立体造型将文化石包围其中时，多将石膏板与文化石相结合。石膏板面层可涂刷各种涂料，根据室内风格的不同，选择合适的涂料即可。

① 施工流程

基层找平→预埋木楔→固定木龙骨骨架→安装石膏板→满刮腻子三遍→文化石铺贴→文化石勾缝→文化石保护→石膏板饰面施工→去除保护并清洁。

② 注意事项

两者结合施工时，在文化石铺贴完毕后，需待其完全干燥后（约24小时），再进行石膏板饰面的施工，以使文化石的黏结层得到最佳养护。如果是有弧度的造型，则必须对文化石进行预排，以保证弧度部分边角的美观性。

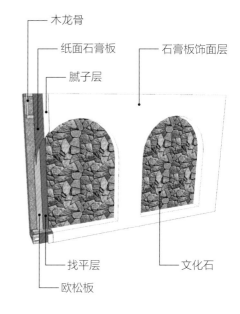

文化石与石膏板结合施工三维示意图

用石膏板制作规则感极强的对称性造型，结合极为不规律的、粗糙的乱片石，形成了很强的对比感，使整体设计简洁又不乏自然感

用规则感较强的浅灰色系层岩石搭配白色乳胶漆，即表现出简约风格的简洁感，又为空间增添了一些自然气息和个性

4. 文化石与涂料 / 壁纸结合的装饰效果与施工方法

在很多人的印象中，文化石更适合用在乡村、地中海等自然风格的室内空间中，实际上，适合哪一种风格的居室与文化石的类型有关，颜色淡雅、形态规则的文化石也可用在简约、现代或北欧等简洁的室内空间中。将文化石与涂料或壁纸结合是适用范围较为广泛的设计方式，选择不同类型的文化石和涂料 / 壁纸，即可塑造出适合不同室内风格的效果。通常，原墙面以涂料或壁纸饰面，文化石部分则凸出墙面设计。

① 施工流程

现场放线→文化石部分骨架施工→安装基层板→基层板挂网→文化石铺贴→文化石保护→墙面满刮腻子三遍→涂料或壁纸饰面→去除保护并清洁。

② 注意事项

文化石部分的基层板必须挂铁丝网后再铺贴文化石。如果文化石部分凸出较多，或设计了灯槽，为了美观，骨架两侧边同样需用基层板封边。

5. 文化石与实木结合的装饰效果与施工方法

通常，有使用痕迹的实木都具有较为浓郁的沧桑感，如碳化木、古木等，十分适合与文化石搭配组合。这样的结合适用于一些既追求个性又追求复古感的室内空间中，如工业风格、混搭风格等。

1 施工流程

基层找平→暗埋木楔（实木安装位置）→放线→固定夹板→文化石黏结→文化石勾缝处理→实木安装→实木涂饰（若无须涂饰可去除此步骤）→清洁。

2 注意事项

两者结合施工时，根据文化石样式的不同，可选择不同的拼接方式，如规则的文化石可与实木直线相接，而不规则的文化石与实木的交界处也可设计为不规则的形状。

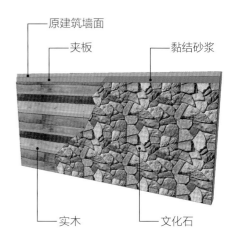

文化石与实木结合施工三维示意图

主题墙以不规则的文化石为主要建材，烘托出自然、粗犷的基调，而后小部分组合带有古旧痕迹的实木板，进一步强化了个性感

第五章

饰面砖

　　饰面砖是室内使用频率很高的一种耐酸碱的瓷质或石质装饰建材。它是装饰行业中最基础的装饰建材之一，实用性强，款式和花色众多，为设计提供了广阔的可选择性。本章详细介绍了各类饰面砖的性能、特点、适用范围、常用参数、施工要点、验收及与其他建材混搭施工等多方面的知识，有助于读者全面地了解饰面砖，从而更好地在室内设计中加以运用。

一、概述

市面上的饰面砖品种多样，其颜色和纹理繁多，甚至可以与壁纸相媲美，且规格多样，因此，其除了可装饰室内的墙面、地面外，还可用在柱子、台面、垭口等部位。

1.饰面砖的分类及性能

目前市面上的大部分饰面砖，多以黏土、长石、石英砂等耐火的金属氧化物及半金属氧化物为制作材料。其名称五花八门，通常，可按照吸水率、工艺及特色、装饰特点三种方式进行分类。

1 按照饰面砖的吸水率分类

按照吸水率，常用的室内饰面砖可分为瓷质砖、炻质砖和陶质砖三类，其具体性能需结合种类进行分析。

瓷质砖的性能

瓷质砖的烧结温度高，瓷化程度好，结构紧凑，表面光泽性能出色，敲击时声音比较清脆，砖的质感比较细腻，规格多样。其吸水率小于0.5%，吸湿膨胀极小，故该砖抗折强度高、耐磨损、耐酸碱、不变色、寿命长。它比大理石轻便，质地均匀致密，强度高，化学性能稳定。在常用的饰面砖中，玻化砖、抛光砖、陶瓷马赛克等均属于瓷质砖。

炻质砖的性能

在技术层面，吸水率在6%～10%之间的称为炻质砖（也叫半瓷砖）。其具有适中的吸水率，使用时铺贴层与砖的黏附力更强。此类饰面砖具有很高的破坏强度、断裂模数、抗热震性及抗釉裂等性能。仿古砖、水晶砖、耐磨砖、亚光砖等均属于炻质砖。

陶质砖的性能

陶质砖是一种以黏土和无机非金属为原料，在经过了一系列加工以后烧结而成的具有既定形状的产品，装饰效果较为朴素天然。其结构比较粗糙，空比较多，在敲击时声音比较沉闷，所以吸水率高于前两者（大于10%），其耐磨性及硬度也较差，所以多用于装饰墙面。釉面砖及一般的瓷片等均属于陶质砖。

饰面砖在室内空间中可以单独使用一种，如果空间面积较大或者有拼花需求，也可以将多种砖组合起来使用，尤其是瓷质砖中的马赛克，其尺寸小、花色多，非常适合用来设计拼花

② **按照饰面砖的工艺及特色分类**

按照工艺及特色，常用的室内饰面砖分为釉面砖、抛光砖、玻化砖、通体砖、马赛克等多种类型。它们的性能后文会有详细介绍，此处不再赘述。

③ **按照饰面砖的装饰特点分类**

根据饰面砖装饰的特点，可将其分为平面纹理砖、陶瓷壁画及金属釉面砖等类型。

平面纹理砖的性能

室内常用的大部分饰面砖均属于平面纹理砖。此类砖的纹理没有凹凸感，是平面式的，纹理多样，包括但不限于仿石材、仿木纹、仿皮纹、仿布纹、仿水磨石等，因制作材料不同，具有不同的性能。

陶瓷壁画的性能

陶瓷壁画是用各种釉面砖、锦砖、陶瓷板等拼成的各种陶瓷砖画；或根据画稿运用陶瓷彩绘技巧绘制，再将绘画分块烧制成釉面砖，然后拼装成整幅画的陶瓷砖组画。它具有优美、光洁、富丽堂皇、便于清洗、永不褪色等特点，装饰效果非常好。

金属釉面砖的性能

金属釉面砖运用金属釉料等特种原料烧制而成，具有光泽耐久、质地坚韧、网纹淳朴等优点，且具有良好的热稳定性、耐酸碱性、易于清洗和装饰效果好等特性。金属釉面砖是将钛的化合物，用真空离子溅射法使釉面砖表面呈现多种色彩。这种砖耐腐蚀、抗风化能力强，耐久性好。

平面纹理砖表面光滑没有凹凸感，上图中的电视墙就使用了仿木纹的平面纹理砖，与大理石相结合，施工便捷且具有木质建材温暖的感觉

随着饰面砖制作工艺的不断进步，即使使用白色的地砖铺设地面，也不用担心会出现明显的污渍、磨损等问题

2.饰面砖的运用趋势

随着科技的不断发展，饰面砖所使用的制作材料局限性越来越小，逐渐扩大到了硅酸盐和非氧化物的范围，并出现了很多新的制作工艺，使饰面砖的使用有更多的可能性。但就目前来看，传统产品仍占市场的主流，其发展主要体现在以下三方面。

① 技术的不断突破

一些有实力的大品牌在传统瓷砖的生产技术上，不断寻求突破，如产品的致密度、耐磨度、抗污性及表面处理等方面不断得到改善。

② 尺寸的改变

尺寸不断突破以往瓷砖产品的界限，体现在增大和缩小两方面。例如，陶瓷薄板目前的最大长度可以达到3600mm，在某些高标准的场所中已开始使用；而本来尺寸就很小的马赛克，除了出现尺寸更小的类型外，还出现了很多非方形的尺寸。

③ 图案或肌理的创新

为了满足设计及人们审美等方面不断增长的需求，瓷砖的图案或肌理感也不断丰富，比如出现了一些手工砖、花砖、水泥砖。

二、陶瓷砖

为了便于与马赛克对比，这里将不同类型的砖统一归纳为陶瓷砖，其包含瓷质砖、炻质砖及陶质砖等。陶瓷砖种类繁多，适用于各种风格的室内空间。

1. 陶瓷砖的基本常识

① 简介

陶瓷砖包括由黏土或含有黏土的混合物经混炼、成形、煅烧而制成的各种陶瓷砖制品，主要原料是取之于自然界的硅酸盐矿物（如黏土、长石、石英等）。其不仅打理方便，使用寿命也很长，已经成为现代室内装修中地面及墙面装饰不可或缺的一类建材。

设计师用灰色仿石材纹理的玻化砖铺设室内空间的地面，奠定了内敛而不乏时尚感的基调，搭配墙面的线条及丝绒面料和金属组合的家具，彰显出轻奢风格的低调奢华感

② 特性

良好的装饰性。陶瓷砖样式多样，色泽光鲜，可供选择的种类多，无论什么样的风格都可以用瓷砖表现出来。其可逼真表现天然装饰材料，如木、皮、石、砖、布、金属等的纹理和颜色，提升室内各空间的装饰性。

耐久、不易变色。大多数陶瓷砖的吸水率都比较低，所以常年使用也不容易变色，始终如新，且使用年限较长。

耐酸性。多数陶瓷砖均经高温烧成，耐酸耐碱，易于打理，用洗洁精、肥皂等清洗就可以让其焕然一新。

导热性能好。陶瓷砖属于热的良导体，对温度和湿度的适应性非常强。

③ 分类、特点及适用范围

按照不同的工艺及特色，陶瓷砖可分为抛光砖、玻化砖、釉面砖、金刚釉瓷砖、微晶石、全抛釉、通体砖等多种类型，它们的特点及适用范围如下表所示。

陶瓷砖的分类、特点及适用范围

名称	例图	特点	适用范围
抛光砖		坚硬耐磨，可以制造出各种仿石、仿木效果 经精心调配，同批产品花色一致，基本无色差 抗弯曲强度大，砖体薄、重量轻 防滑性能优越，如果有土会滑，有水反而会涩	墙面、地面
玻化砖		抛光砖中吸水率低于 0.5% 的都属于玻化砖 其表面经过打磨抛光，如玻璃镜面一般光滑透亮，是所有陶瓷砖中硬度最高的一种 色彩艳丽柔和，色差小，色彩层次丰富 具有天然石材的质感，能将古典与现代兼容并蓄	墙面、地面
釉面砖		比抛光砖色彩和图案更丰富 防渗，不怕脏，防滑，但耐磨性不如抛光砖 可无缝拼接，韧性好，基本不会发生断裂现象 耐急冷急热，即使温度发生急剧变化也不会出现裂纹	背景墙、墙面、地面、柱面、台面、垭口
金刚釉瓷砖		金刚釉瓷砖是釉面砖的升级版，是二次烧超晶技术产品，与传统的釉面砖相比，釉面更加平整釉层更厚，颜色更均匀，表面色泽更为流畅，过渡更自然，花色更美观	背景墙、墙面、地面、柱面、台面、垭口

续表

名称	例图	特点	适用范围
微晶石		集玻璃、陶瓷、石材的优点于一身 质地均匀、密度大、硬度高，抗压、抗弯、耐冲击等性能优于天然石材 吸水率几乎为零，污物不易侵入或渗透，易打理 可用加热方法，制成各种弧形、曲面板	背景墙、墙面、地面、柱面
全抛釉		釉面如抛光砖般光滑亮洁 其釉面花色如仿古砖般图案丰富 色彩厚重或绚丽 釉面比较厚，所以更耐磨，使用的寿命也较长	背景墙、墙面、地面
通体砖		属于耐磨砖，正面和反面的材质和色泽一致 表面不施釉，装饰效果古香古色、纯朴自然 表面粗糙，反光柔和、不刺眼，不会造成光污染 一般的防滑地砖都属于通体砖 花色比釉面砖少，且多为素色	墙面、地面
木纹砖		木纹砖指表面具有天然木材纹理图案的装饰效果的陶瓷砖，分为釉面砖和劈开砖两种 仿制顶级木种，有数十种花色，应用广泛 木纹砖纹理逼真，摸上去脚感、手感真实 长久耐磨，不褪色，不变色，易清洁、护理	背景墙、墙面、地面、柱面、台面、垭口
瓷片		瓷片指墙面用的表面有瓷面的薄层贴片，表面光滑、超薄、自重轻，甚至不需要整个瓷片与墙体连接，一样会很牢固，因此可做各种造型与墙砖组合设计，可大大提升装饰效果，让设计本身也有了更多的可能性	背景墙、墙面、地面
抛晶砖		表层立体感强、釉面细腻、晶莹剔透、高贵奢华，属瓷砖中的高端产品 耐磨耐压、耐酸碱、防滑、无辐射、无污染 可以将各种图案进行组合，或做拼图，或做腰线，或做壁画，或做地毯	背景墙、墙面、地面

续表

名称	例图	特点	适用范围
仿古砖		仿古砖从彩釉砖演化而来，与普通釉面砖的差别主要表现为釉料的色彩具有仿古效果 可做各种拼花设计，实现个性化的装饰效果 质感温润，踩踏有踏实、温暖的感觉 非常耐用，抗污性好，可有效防滑，实用性强	背景墙、墙面、地面、柱面、台面、垭口
布纹砖		布纹砖是针对抛光砖花色单一的缺陷而设计研发的 表面面料与花岗石、大理石等类似，但材质硬度和耐酸性较普通石材更胜一筹 立体呈现逼真仿石质感	局部墙面、地面、门窗套、过门石
皮纹砖		仿动物原生态皮纹的瓷砖 克服了瓷砖坚硬、冰冷的材质局限，在视觉和触觉上有皮的质感 皮纹砖是可以随意切割、组合、搭配的建筑装饰应用"皮料"，突破了瓷砖的固有概念	局部墙面、地面、柱面、装饰构件、门窗套、台面、踢脚线

④ 常用参数

陶瓷砖的常用参数包括吸水率、耐磨性、断裂模数、抗折强度、抗弯强度、光泽度等，具体参考下表。

陶瓷砖的常用参数

名称	常用参数
吸水率	0.5% ~ 22%
耐磨性	≤ 175mm³
断裂模数	≥ 35MPa
抗折强度	> 45MPa
抗弯强度	40 ~ 60MPa
光泽度	55 ~ 95

注：上表中的参数为部分陶瓷砖产品的平均值，不同品种、不同厂家的产品数值会略有不同。

2. 陶瓷砖的施工流程及施工工艺

陶瓷砖中的很多类型可墙地通用，施工方式也略有区别。下面分别介绍陶瓷墙砖和陶瓷地砖的施工知识。

① 陶瓷砖墙柱面施工

第一步：建材处理

部分陶瓷砖（如釉面砖）需提前泡水，施工前按要求用清水对其进行足时浸泡，取出待表面晾干或擦干净后方可使用。玻化砖铺贴前需检查砖体和打蜡，完工后需对蜡层进行打磨。

第二步：基层处理，吊垂直、找规矩、贴灰饼

将凸出墙面的混凝土剔平，对大钢模施工的混凝土墙面应进行凿毛，并用钢丝刷满刷一遍，再浇水湿润。如果基层混凝土表面很光滑，可采取"甩毛"的办法，将墙面进行毛化处理。根据面砖的规格尺寸设点、做灰饼。

第三步：抹底层砂浆

先刷一道掺水重 10% 的 107 胶水泥素浆，紧跟着分层分遍抹底层砂浆，每一遍厚度宜为 5mm，抹后用木抹子搓平，隔天浇水养护；第一遍砂浆六至七成干时，抹第二遍，厚度约 8 ~ 12mm，用木杠刮平，用木抹子搓毛，隔天浇水养护，若需要抹第三遍，其操作方法同第二遍，直到把底层砂浆抹平为止。

第四步：弹线分格

待基层灰六至七成干时，即可按图纸要求进行分段分格弹线，同时亦可进行面层贴标准点的工作，以控制出墙尺寸及垂直、平整。

第五步：排砖

根据大样图及墙面尺寸进行横竖向排砖，以保证砖缝隙均匀，符合设计图纸要求。大墙面要排整砖，在同一墙面上的横竖排列，均不得有一行以上的非整砖。非整砖行应排在次要部位，如窗间墙或阴角处等。但也要注意一致和对称。如有突出的卡件，应用整砖套割吻合，不得用非整砖随意拼凑镶贴。

第六步：镶贴面砖

镶贴应自上而下进行，从最下一层砖下皮的位置线先稳好靠尺，以此托住第一皮面。在面砖外皮上口拉水平通线，作为镶贴的标准。在面砖背面采用 1：2 水泥砂浆镶贴，砂浆厚度为 6 ~ 10mm，贴上后用灰铲柄轻轻敲打，使之附线，再用钢片开刀调整竖缝，并用小杠通过标准点调整平面和垂直度。部分陶瓷砖（如玻化砖、微晶石等）需用专用胶黏剂进行铺贴。

第七步：勾缝与擦缝

面砖铺贴拉缝时，用 1：1 水泥砂浆勾缝，先勾水平缝，再勾竖缝，要求缝凹进面砖外表面 2 ~ 3mm。若横竖缝为干挤缝，或缝宽小于 3mm，应用白水泥配颜料进行擦缝处理。

第八步：清理、养护

面砖的缝隙勾完后，用布或绵丝蘸稀盐酸将缝隙擦洗干净。而后对整个墙面或柱面进行清洁。

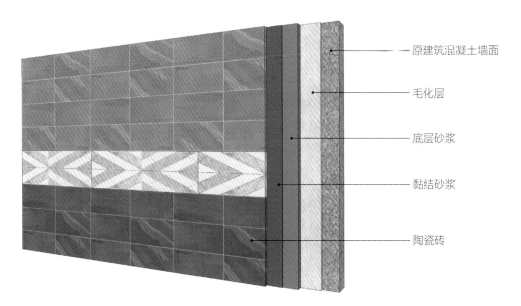

原建筑混凝土墙面

毛化层

底层砂浆

黏结砂浆

陶瓷砖

陶瓷砖混凝土墙面施工三维示意图

条形斜向拼贴的陶瓷砖，简洁又不乏层次感和造型感

斜向拼贴的方砖搭配仿古花砖装饰墙面，烘托出浓郁的乡村气氛

② 陶瓷砖地面施工

第一步：基层处理，找标高、弹线，刷水泥素浆

将基层清理得干净、平整。根据墙上的 +50cm 水平标高线，往下量测出面层标高，并弹在墙上。在清理好的地面上均匀洒水，然后用笤帚均匀洒刷水泥素浆（水灰比为 1：2），刷的面积不得过大，须与下道工序铺砂浆找平层紧密配合。

第二步：水泥砂浆找平层施工

从已弹好的面层水平线下量至找平层上皮的标高，抹灰饼间距 1.5m，灰饼上平就是水泥砂浆找平层的标高，然后从房间一侧开始抹标筋。清净抹标筋的剩余浆渣，涂刷一遍水泥浆黏结层，随涂刷随铺砂浆。根据标筋的标高，用小平锹或木抹子将已拌合的水泥砂浆铺装在标筋之间，用工具使铺设的砂浆与标筋找平，用大木杠横竖检查其平整度，同时检查其标高和泛水坡度是否正确，24h 后浇水养护。

第三步：弹铺砖控制线

根据设计要求和砖板块规格，确定板块铺砌的缝隙宽度；如果设计无规定，紧密铺贴缝隙宽度不宜大于 1mm，虚缝铺贴缝隙宽度为 5 ～ 10mm。不足整砖倍数时，将非整砖用于边角处，横向平行于门口的第一排应为整砖，将非整砖排在靠墙位置，纵向非整砖对称排放在两墙边处。根据已确定的砖数和缝宽，在纵、横向每隔 4 块砖弹一根控制线。

第四步：结合层施工

在砂浆找平层上，浇水湿润后，抹一道 2~2.5mm 厚的水泥浆结合层（宜掺水泥重量 20％ 的 107 胶），应随抹随贴，面积不要过大。

第五步：铺砖，拨缝、修整

从门口开始，纵向先铺 2 ～ 3 行砖，以此为标筋拉纵横水平标高线，从里向外退着操作，人不得踏在刚铺好的砖面上，跟线铺完 2~3 行，应随时拉线检查缝格的平直度，如超出规定应立即修整，将缝拨直，并用橡皮锤拍实。此项工作应在结合层凝结之前完成。

第六步：勾缝、擦缝

用 1：1 水泥细砂浆勾缝，缝内深度宜为砖厚的 1/3，要求缝内砂浆密实、平整、光滑。边勾边将剩余的水泥砂浆清走、擦净；如果设计要求不留缝隙或缝隙很小时，则要求接缝平直，在铺实修整好的砖面层上用浆壶往缝内浇水泥浆，然后把干水泥撒在缝上，再用绵纱团擦揉，将缝隙填满。最后将面层上的水泥浆擦干净。

第七步：养护、镶贴踢脚线

铺完砖 24h 后，洒水养护，时间不应少于 7d。踢脚线用砖，一般采用与地面块材同品种、同规格、同颜色的材料，踢脚线的立缝应与地面缝对齐。

/ 陶瓷砖施工验收要点 /

陶瓷砖的品种、规格、颜色、图案必须符合设计要求和现行标准的规定。

陶瓷砖镶贴必须牢固，无歪斜、缺棱、掉角和裂缝等缺陷。

表面平整、洁净，颜色一致，无变色、起碱、污痕，无显著的光泽受损处，无空鼓。

接缝填嵌密实、平直，宽窄一致，颜色一致，阴阳角处压向正确，非整砖的使用部位适宜。

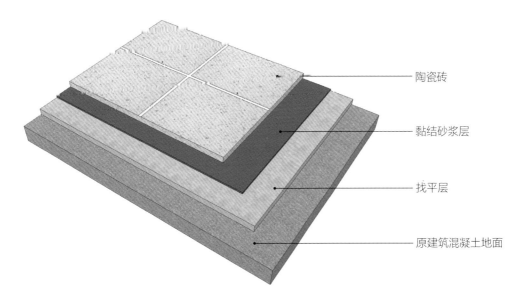

陶瓷砖

黏结砂浆层

找平层

原建筑混凝土地面

陶瓷砖混凝土地面施工三维示意图

地面采用了不同纹理的条形陶瓷砖进行铺设，因为空间面积足够大，所以并不显得凌乱，反而丰富了整体设计的层次感

3. 陶瓷砖与涂料 / 壁纸结合的装饰效果与施工方法

陶瓷砖与壁纸的结合常见于卫浴间内，这种组合方式能够为卫浴间的设计提供更多样化的方案，打破人们对潮湿区域装饰的固有印象。通常使用图案较有艺术性的壁纸与陶瓷砖相结合。

① **施工流程**

现场放线→建材加工→基层处理→水泥砂浆结合层施工→陶瓷墙砖铺贴→陶瓷墙砖灌缝、擦缝→防水腻子施工→涂料施工或贴壁纸→完成面处理。

② **注意事项**

陶瓷墙砖和壁纸结合时，可以直接衔接，将陶瓷墙砖的上沿截面用腻子补平，而后粘贴壁纸，但是经过这种处理，壁纸使用久了容易翘起。因此建议用金属收口或用线条收边，以更好地避免壁纸翘起；如果使用涂料，则可根据设计要求选择衔接方式。

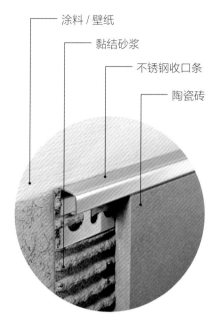

涂料 / 壁纸
黏结砂浆
不锈钢收口条
陶瓷砖

陶瓷砖与涂料 / 壁纸结合收口示意图

陶瓷砖与涂料结合，若用在潮湿的空间中，建议选择防水乳胶漆涂料，基层也需使用具有防水功能的腻子

壁纸与陶瓷砖结合时，在色彩及纹理上若形成反差，则更和谐感，例如素色陶瓷砖搭配纹理突出的壁纸

白色陶瓷砖与实木板条上下结合，给人简洁、干净又不乏温馨感的感受，很好地表现出北欧风格的特点

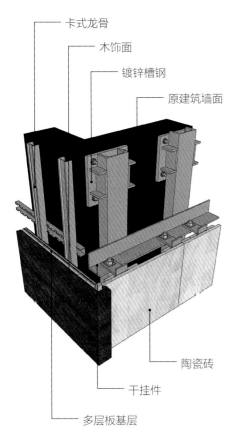

卡式龙骨
木饰面
镀锌槽钢
原建筑墙面
陶瓷砖
干挂件
多层板基层

陶瓷砖与木饰面结合施工三维示意图

4.陶瓷砖与木饰面结合的装饰效果与施工方法

　　与大理石相比，陶瓷砖种类更多，与木饰面结合适用范围也更广泛。若使用的是玻化砖、微晶石等板块较大的陶瓷砖，可采用干挂施工法施工。若使用的是中小尺寸的陶瓷砖，可湿贴，而木饰面部分使用龙骨或基层板固定即可，两者若平接，需注意基层高差的处理。

① 施工流程

　　现场放线→建材加工→基层处理→木饰面基础固定→墙砖干挂结构框架固定→干挂墙砖→木饰面安装→完成面处理。

② 注意事项

　　墙砖与木饰面的接口处可以采用留自然缝、打密封胶封闭、嵌入T形铝条、用木线条过渡等方式进行收口。同时，也可以通过装饰面的边、角和衔接部分进行工艺处理，这样既弥补了饰面的不足，又增强了装饰效果。

5. 陶瓷砖与大理石结合的装饰效果与施工方法

陶瓷砖与大理石的质感类似，但大理石的表面更光洁，将两者结合能够在质感上形成微妙的层次感，使空间的细节更具设计感。并且，大理石的造价较高，与陶瓷砖组合，既美观又可降低造价。

① 施工流程

现场放线→建材加工→基层处理→基层钢架施工→干挂石材、陶瓷砖→完成面处理。

② 注意事项

石材铺贴用普通硅酸盐水泥配细砂或粗砂，或用石材专用 AB 胶铺贴。陶瓷砖采用普通硅酸盐水泥或胶泥铺贴。大理石需提前做好六面防护。

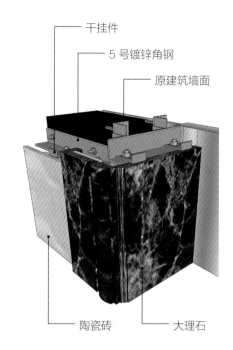

干挂件
5 号镀锌角钢
原建筑墙面
陶瓷砖
大理石

陶瓷砖与大理石结合墙面施工三维示意图

卫浴间的墙面及地面统一使用了白色的陶瓷砖，为了避免单调感，花洒后的背景墙搭配了大理石，使得整体空间的装饰性得到提升

6.陶瓷砖与木地板结合的装饰效果与施工方法

　　大理石中的一些品种，具有很强的时尚感，如白色系、灰色系、黑色系等，搭配同样质感的玻璃材质，能够塑造出具有极强时尚感和现代感的风格空间。

① 施工流程

　　基层处理→做找平层→水泥砂浆做黏结层→铺贴地砖→安装收边条→铺泡沫衬垫→铺设木地板。

② 注意事项

　　两者结合的衔接处有多种处理方式，需根据实际情况选择：①使用压条，压条能够调节木地板的涨缩，起到衔接和收口的作用；②用门槛石过渡，能有效防止地板起拱；③使用收边条来缓和过渡两种材质，常见的收边条材质有铜、木质、不锈钢、橡胶条、铝合金等；④留缝处理，这是最能体现细节的收口方式，在两种建材之间留一条缝隙过渡，功能上起到缓冲材料热胀冷缩的作用，缝隙可打硅胶或填缝剂；⑤高低扣，高低扣适用于木地板与地砖有些许落差的地面，可以巧妙地缓解有高度差的地面设计。

收边条衔接示意图

留缝衔接示意图

高低扣衔接示意图

餐厅部分以木地板为地面建材，厨房部分为了便于打理则使用了陶瓷砖，两者间以收边条过渡，使衔接更顺畅、美观

三、马赛克

马赛克又称锦砖或纸皮砖，发源于古希腊，最早因为技术等原因，只是单纯使用黑色和白色进行搭配组合，但因为其具有极佳的视觉效果，所以在当时受到统治阶级的青睐。而今，随着技术的发展，马赛克的种类越来越多，也成为室内空间中运用较为普遍的一种饰面建材。

1. 马赛克的基本常识

1 简介

马赛克是一种特殊的砖，一般由数十块小块的砖组成一块相对大的砖。由于它的体积小巧，可以通过拼接制作出各种图案，装饰效果突出。其不仅适用于墙面、地面，还可用来装饰柱子、台面、垭口、楼梯等部位。

2 特性

粘贴牢固。马赛克砖体薄、自重轻，每个小瓷片都可以牢固地黏结在砂浆上，不易脱落。

装饰性强。马赛克品种多样，色彩丰富，可运用拼图的方式增强其装饰性。

吸水率小。马赛克瓷化好、吸水率小，抗冻性能强。

使用寿命长。马赛克耐磨性优于瓷砖和木地板等材料，具有很长的使用寿命。

安全、防滑。马赛克具有很好的防滑性，可用于浴池、游泳池、卫生间等潮湿的区域内。

3 分类、特点及适用范围

最早，马赛克由陶瓷制成，为了更多元化地丰富作品，人们研发出更多质地的马赛克。现今，室内常用的马赛克按照质地和工艺可分为陶瓷、玻璃、贝壳、石材、金属、船木等多种类型。

马赛克的分类、特点及适用范围

名称	例图	特点	适用范围
陶瓷马赛克		品种丰富，制作手法多样 防水、防潮、防滑性能佳 耐摩擦、易清洗	墙面、地面、柱面、台面、垭口、踢脚线、楼梯踏步
玻璃马赛克		色彩最丰富的一种马赛克，花色有上百种之多 质感晶莹剔透，配合灯光更美观 现代感强，纯度高，给人以轻松愉悦感	墙面、背景墙、柱面、部分地面、垭口

续表

名称	例图	特点	适用范围
贝壳马赛克		色彩绚丽，带有光泽 吸水率低，抗压性能不强 施工后，表面需磨平处理	墙面、背景墙、柱面、柜面
石材马赛克		色彩较低调、柔和，效果天然、质朴 有亚光面和亮光面两个类型 防水性较差，抗酸碱腐蚀性能较弱	墙面、地面、柱面、台面、垭口、踢脚线、楼梯踏步
金属马赛克		色彩多低调，反光效果差 装饰效果现代、时尚 材料环保、防火、耐磨	墙面、背景墙、柱面、部分地面、台面
船木马赛克		用天然的老船木做成，绿色环保 拥有特别的纹理与颜色，特殊的天然印迹让船木材料有着非常强烈的艺术感 防水、防虫、防腐，材质坚硬、经久耐用	墙面、背景墙、柱面

④ 常用参数

马赛克的常用参数主要为吸水率和耐磨性，具体参考下表。

马赛克的常用参数

名称	常用参数
吸水率	$\leqslant 0.2\%$
耐磨性	$\leqslant 0.1\text{g/cm}^2$

注：上表中的参数为部分马赛克产品的平均值，不同质地、不同厂家的产品数值会略有不同。

2. 马赛克的施工流程及施工工艺

船木马赛克与其他类型马赛克的施工存在一些差别，其可参考实木的施工方式。多数马赛克可墙地通用，地面的施工方式可参考陶瓷砖，这里不再赘述。下面主要介绍马赛克墙柱面的施工流程及工艺。

第一步：准备工作

此步骤包含了基层处理→贴灰饼、做冲筋→湿润基底→底层砂浆施工→排砖等步骤，与陶瓷砖施工准备工作相同，可参考该部分内容。

第二步：调制、墙面涂抹粘结剂

对不同类型的基层，选择的粘结剂也是有区别的。水泥基层，用白水泥添加801胶水或107胶水，或使用马赛克粘结剂；木板基底，可以用中性玻璃胶。用齿型刮板将白胶浆均匀涂抹在墙面上，并刮出条纹型波纹或满刮状，厚度为3mm左右，每次涂抹面积1m²左右，以免来不及铺贴以致膏状胶浆凝固。

第三步：铺贴马赛克

将马赛克的网面面向涂抹好黏结剂的基层，而后直接粘合。注意每片马赛克的距离要保持一致。为确保安装表面的水平平整度，可用包裹绒布或海棉的弹性水平木拍击产品表面。在铺贴时，为保持马赛克表面清洁且不粘留粘结剂或白水泥，建议安排辅助工即时用浸湿拧干后的海绵清洁其表面，防止粘结剂或白水泥固化在马赛克表面。

第四步：调缝、填缝

检查缝子大小是否均匀、通顺，及时将歪斜、宽度不一的缝子调正并拍实。调缝顺序宜先横后竖。准备好所需的填缝剂。使用小灰铲，每次取少量的混合填缝剂，均匀涂于马赛克表面，小灰铲要呈对角移动，先由下到上，再由上至下，确保所有的灰缝能够完全填满并且没有多余的残留。

第五步：清洁

在填缝剂干透之前，须清洁马赛克表面。准备两个桶，一个装清洁剂，另一个装干净水，首先在装清洁剂的桶内浸湿抹布，不用拧干，以打圈的方式拭擦马赛克表面；其次在第二个装有干净水的桶内浸湿海绵，再用海绵擦马赛克表面，擦去所有的残留物；最后，再一次用海绵擦马赛克表面直至干净为止。

/ 马赛克墙柱面施工验收要点 /

马赛克的品种、规程、颜色、图案必须符合设计要求，质量应符合现行有关标准的规定。

马赛克表面应洁净、纹理清晰，色泽一致。粘贴牢固无空鼓，无歪斜、无掉角、无裂纹等缺陷。

有图案的设计，图案色彩、拼贴方式等应符合设计要求。

表面平整度偏差应小于2mm，立面垂直度偏差应小于2mm。

形状规整的马赛克，每块砖之间的缝隙的宽度应均匀一致。

接缝填嵌应密实、平直，深浅、颜色应一致。

阴阳角对接时，应角度正确、线条顺直。

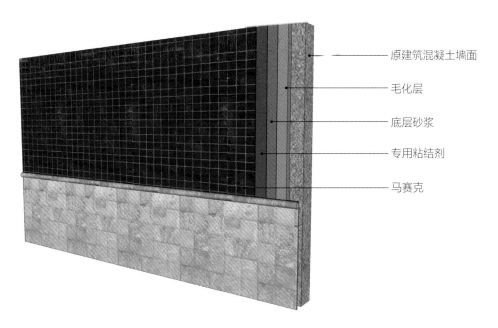

原建筑混凝土墙面

毛化层

底层砂浆

专用粘结剂

马赛克

马赛克墙柱面施工三维示意图

混凝土墙面整体使用欧冠黄色的马赛克进行装饰，与使用同色的陶瓷砖相比，小尺寸的马赛克更具细节感

用色彩多样的马赛克搭配棕色仿古砖和黄色涂料，在保持古朴基调的基础上，极大地丰富了混凝土基层墙面装饰的层次感

3. 马赛克与护墙板结合的装饰效果与施工方法

马赛克的尺寸较小，厚度也较薄，因此易于与其他建材相互搭配，特别是在一些容易忽略的垭口、台面、踏步等部位，用马赛克与其他建材相结合进行设计更容易体现设计的精致感。而在一些使用护墙板的室内空间中，设计在护墙板芯板的位置处使用适量的马赛克，不仅可以让整体装饰层次更丰富，还能够提升装饰的品位和艺术感，特别是马赛克纯色的护墙板结合，效果更加突出。

① 施工流程

墙面防潮处理→绘制示意图、放线→安装底架→安装护墙板→安装顶角线、踢脚线→粘贴马赛克→完成面处理。

② 注意事项

马赛克与护墙板结合设计，需要在木质基层施工，应使用中性玻璃胶黏结。在进行护墙板的设计时，需要提前规划好马赛克的安装位置和收边形式，并根据收边条的厚度选定马赛克的种类和厚度，以免马赛克的厚度超出收边条平面，影响装饰效果。

蓝色护墙板装饰的垭口和墙面清新、雅致，但略显单调，在护墙板内凹的芯板处搭配一些马赛克，立刻不显单调

第六章

织物及软质建材

　　一些能够让室内空间更加柔和、丰富的建材即为织物及软质建材，它们具有一个共同的特点：比板材、块材更柔软，因此无论特性还是施工方式都有很大的区别。本章详细介绍了各类织物及软质建材的性能、特点、适用范围、常用参数、施工要点、验收及与其他建材混搭施工等多方面的知识，了解这些知识，就能够对此类建材的运用更加得心应手。

一、概述

织物及软质建材有许多种类，如地毯、壁纸、壁布、纺织面料、皮革等。随着科技的不断进步，早期简单的手工编织发展成了利用机器完成织物的生产，纤维的种类也越来越多，为软质建材的发展带来了更广阔的前景。

1.织物及软质建材的分类及性能

随着"重装饰轻装修"理念的不断推广，人们越来越重视室内的装饰，而织物及软质建材能够满足一定的功能需求，更倾向于软装饰性，在室内空间中可谓"点睛之笔"，既能够体现空间的格调，又能增添温馨、浪漫的色彩，越来越为人们所喜爱。总的来说，此类建材可按照加工方式和建材性质两种方式进行分类，不同类型的产品的性能也存在一些差别。

① 按照加工方式分类

织物及软质建材按照加工方式进行分类，可分为机织物、针织物、编织物、无纺类及复合软质类等多种，每种类型的性能如下。

机织物：又称梭织布，在织布机上由经纱和纬纱相互交错，彼此沉浮而组成的织物。比如棉、麻、纱、丝、涤纶、涤棉等。此类织物因织法经纬交错而牢固、挺括、不易变形。

针织物：针织物的基本结构是线圈，针织机或人工皆可完成，如大型织物针织毯等。针织物布面光洁、纹路清晰、质地细密、手感滑爽，纵、横向具有较好的延伸性，且横向比纵向延伸性大。吸湿性与透气性较好。

编织物：通过手工或者机被完成，遵循一定规律进行编织，如用线藤皮、麦秆等材料编织而成的织物，部分地毯也属于编织物。编织物外观特别，具有很强的装饰性，但是物理性能不如其他类型，使用寿命较短。

空间中所使用的壁纸属于复合软质建材，而地毯则属于编织物

无纺类：不经过传统的织物工艺，是纤维经过粘、轧而成的制品。其原料为最原始的一些纤维。皮革中的合成革就属于无纺类。其具有防潮、透气、柔

韧、质轻、不助燃、容易分解、无毒无刺激性、色彩丰富、价格低廉、可循环使用等特点。

复合软质类：将两种或两种以上的不同软质材料，通过一定的加工方式复合在一起，比如复合地毯、复合墙纸等都属于复合软质类。因所使用复合建材种类不同，复合软质类具有不同特性，但通常都具有较高的强度，不易变形。

2 按照建材性质分类

织物及软质建材按照性质进行分类，可分为天然类和化纤类两种类型，每种类型的性能如下。

天然类：指使用自然界存在的，可以直接取得的天然纤维制作的一类软质建材，包括植物纤维如麻、棉、丝、毛、草、藤等，以及来自动物的动物皮革、毛发纤维等。

化纤类：化学纤维是利用天然的高分子物质或合成的高分子物质，经过化学加工而取得的纺织纤维的总称。化学纤维可以分为人造纤维和合成纤维。人造纤维又称再生纤维，是用含有天然纤维或蛋白纤维的物质，如木材、稻草、甘蔗、麦秆、竹子、大豆等纤维原料，经过化学和机械加工而成的纺织纤维；合成纤维是采用石油化工工业和炼焦工业中的副产品，如苯、乙烯、乙炔等，经过化学加工后所制成的各种纤维。

不同类型织物及软质建材的性能

分类	名称		常用参数
天然类	棉		耐磨，吸湿，保温性好，耐碱，吸声；但弹性不佳
	毛		质地细腻，柔软舒适，光泽柔和，色泽高雅，弹性好，透气性和吸湿性佳，抗皱，保暖，耐磨，抗静电
	麻		结实实用，吸湿性好，散热速度快，防虫蛀，抗拉伸，质地粗犷、纯朴，纹理美丽
	草、藤		坚固又轻巧坚韧、牢固，且易于弯曲成形，不怕挤、不怕压，柔顺又有弹性
	丝		质地柔软，富有弹性，吸湿性好，手感光滑、凉爽
	皮革		表面平整细腻，具有良好的手感和触感，染色性佳，具备可塑性和耐久力，可立体加工
化纤类	人造类	人造棉	质地整齐稀密，光泽明亮，色彩鲜艳，光滑柔顺，吸湿性强，透气性好；但易皱，弹性差，色牢度较差
		人造丝	质地平整，柔软光滑，光泽度好，富有弹性，吸水性强，易于染色，质轻，结实实用；但易燃，易皱
	合成纤维	涤纶	质地光洁平整，弹性好，抗皱性优良，耐磨，耐晒，耐光性能强，易于清洗；但吸湿性和透气性差，静电作用大
		锦纶（尼龙）	弹力大，耐磨性最好，易印染，质轻，耐碱，防霉、防虫蛀，光泽耀眼，手感滑顺；但耐光、耐热性能差，易变形
		腈纶（合成羊毛）	手感柔软，弹性好，蓬松，保暖性比羊毛好，弹力大，耐热、耐光性最好，不蛀；但耐磨性、耐碱性、吸湿性和染色性差，静电作用大
		维纶（合成棉）	吸湿性最好，轻盈，耐磨、耐碱、耐腐蚀、耐晒、耐光性能好；但耐湿、耐热性能差，易变形，弹性差
		丙纶	质量轻，弹性好，强度好，耐磨，耐水性较好，遇酸碱都具有较好的稳定性，成本低；但耐光、耐热性差，易老化
		氯纶	阻燃，保暖性强，不易导电，化学稳定性好，对酸、碱、氧化剂等有极强的抵抗能力；但染色性差

2.织物及软质建材的运用趋势

近年来，随着人们审美水平的提高和对舒适性的不断追求，织物和软质建材开始大量应用于室内装饰工程中。为了满足不增长的室内装饰方面的需求，此类建材的种类也越来越多样化。

1 壁纸壁布的运用趋势

壁纸壁布与其他建材相比最大的优点是图案丰富，随着研发技术的不断进步，其运用除了仍注重图案的选择外，也扩展到材质、肌理及功能等方面。

2 皮革的运用趋势

皮革的运用表现在两方面：一是人造皮革的质量和手感不断提升，逐渐地取代天然皮革；二是对表面的处理方式多样上，如压花、仿古、金属效果等，除此以外，还可对表面进行刺绣、手绘等加工，使其装饰性越来越强，表现力也越来越强。

3 地毯的运用趋势

从环保角度来看，剑麻等天然材质地毯的运用会越来越多。覆盖整个地面的地毯因为使用不够灵活可能会过时，在地毯上铺地毯的运用方式，能够增强趣味和保暖性，是可以参考的运用方向。

近年来，壁纸壁布的图案设计越来越注重艺术性和整体性，用壁纸画或壁布画装饰背景墙，能够起到增强室内空间艺术美感的作用

二、壁纸、壁布

壁纸、壁布需采用裱糊的方式施工，因此属于裱糊建材。它们具有施工便利、快速，既可美化居住环境，满足使用的要求，还能够对墙体、顶棚起到一定的保护作用。

1. 壁纸、壁布的基本常识

① 简介

壁纸是目前使用率最高的一类室内软质装饰建材，在塑造空间的能力上，有着非常大的想象空间。随着科技的发展，具有各种肌理、图案、功能的壁纸层出不穷，带给人无限的创造力。

壁布与壁纸有很多相似之处，如种类和花色较多，两者最大的区别在于基底，壁纸的基底种类较多，而壁布的基底以棉布为主，相对来说，使用限制大于壁纸。

以山水图案的壁纸画搭配布纹饰面板及不锈钢条装饰墙面，塑造出雅致、复古又不乏时尚感的视觉效果，彰显出新中式风格多元化的特点

② 特性

装饰效果出色。壁纸、壁布花色多样，其丰富的纹理和肌理感是其他壁材无法比拟的。

绿色环保。壁纸、壁布合格产品所用材料均无毒害、无污染、无刺激性，有些种类还可回收再利用。

抗拉扯。由于纸基表面覆盖了不同的材料，因此，抗拉扯能力有所提升。

吸音、隔音。壁纸、壁布有一定厚度，与乳胶漆等壁材建材相比较，具有一定的吸音、隔音作用。

施工简单、快速。壁纸、壁布裱糊施工，方便快捷、周期短。

易清洁。大部分壁纸、壁布，当表面有较浅淡的污渍时，均可擦拭去除。

③ 分类、特点、适用范围及常用参数

壁纸虽然名称为"纸"，实际上其基底的材质不局限于纸，也包含很多其他材质。壁布的基材以布为主，多采用印花、轧纹浮雕或大提花制作，纹样多为几何图形和花卉图案。布底的抗拉扯性好，因此比墙纸耐磨。它们的分类、特点及适用范围如下表所示。

壁纸的分类、特点及适用范围

名称	例图	特点	适用范围
PVC 壁纸		原料为 PVC，有一定的防水性 表面有一层珠光油，不容易变色 经久耐用，表面可擦拭 透气性不佳，湿润环境中对墙面损害较大	局部墙面、背景墙、大面积墙面、柱面、顶面、柜门
无纺布壁纸		拉力强，不发霉、不发黄 防潮、透气、柔韧、不助燃 无毒无刺激性、容易分解、可循环再用 花色相对来说较单一，色调较浅	局部墙面、背景墙、大面积墙面、柱面、顶面、柜门
木纤维壁纸		绿色环保，透气性强 有相当卓越的抗拉伸、抗扯裂强度，是普通壁纸的9～10倍 易清洗，使用寿命长	局部墙面、背景墙、大面积墙面、柱面、顶面、柜门
植绒壁纸		立体感比其他任何壁纸都要出色 有明显的丝绒质感和手感 不反光，具吸音性，无异味，不易褪色 不易打理，需精心保养	局部墙面、背景墙、大面积墙面、柱面、柜门

163

名称	例图	特点	适用范围
编织壁纸		以草、麻、木、竹、藤、纸、绳等十几种天然材料为主要原料手工编织而成 透气、静音，无污染，天然质朴 不适合潮湿的环境	局部墙面、背景墙、大面积墙面、柱面、柜门
纯纸壁纸		图案清晰细腻、逼真，色彩还原好 色彩、花型可供选择的余地大 透气防潮效果较好，不易受潮发霉 颜料墨水为水性材料，是最为环保的墙纸 表面涂有薄蜡材质，耐磨性较好	局部墙面、背景墙、大面积墙面、柱面、顶面、柜门
手绘壁纸		图案采取手绘方式制作，更具艺术感和灵动性 手感柔和、质感细腻、色泽高雅 装饰于背景墙上时，可直接代替装饰画 不同批次的产品可能会存在色差 保养比其他类型的墙纸困难	局部墙面、背景墙、大面积墙面、柱面、柜门
金属壁纸		由印刷铝箔与防水基层复合而成 给人金碧辉煌的感觉，适合气氛浓烈的场合 适当点缀就能不露痕迹地彰显出一种炫目和前卫感	局部墙面、背景墙

壁纸的常用参数

名称	常用参数
褪色性	＞4 级
干摩擦	＞4 级
湿润拉伸负荷	≥ 0.53N/m
吸水性	≤ 20g/mm^2
伸缩性	≤ 1.2%

注：上表中的参数为部分壁纸产品的平均值，不同品种、不同厂家的产品数值会略有不同。

壁布的分类、特点及适用范围

名称	例图	特点	适用范围
纱线壁布		由不同式样的纱或线构成图案和色彩 具有丰富的材质，染色、纺织和表面处理方式的可选择范围广	局部墙面、背景墙、大面积墙面、柱面、柜门
织布类壁布		面层用各种纤维编织制而成 有平织布面、无纺布面、提花布面和刺绣布面等多种类型	局部墙面、背景墙、大面积墙面、柱面、柜门
植绒壁布		将短纤维植入底布，产生质感极佳的绒布效果，有很好的丝质感，不反光 吸音、保温，需精心保养	局部墙面、背景墙、大面积墙面、柱面、柜门
功能类壁布		采用纳米技术和纳米材料进行处理 使墙布具有阻燃、隔热、保温、吸音、隔音、抗菌、防霉、防水、防油、防污、防尘、防静电等功能	局部墙面、背景墙、大面积墙面、柱面、柜门
无缝壁布		高度 2.7 ～ 3.1 米，宽度可以按用户要求，根据实际墙面宽度来确定，做到整幅墙没有接缝 解决了墙纸在施工中因拼接对花而产生明显接缝的"通病"，避免了接缝开裂和溢胶问题	背景墙、大面积墙面

壁布的常用参数

名称	常用参数
防火等级	B1 级
耐磨	＞ 10000 次

注：上表中的参数为部分壁布产品的平均值，不同品种、不同厂家的产品数值会略有不同。

2. 壁纸、壁布的施工流程及施工工艺

壁纸、壁布对不同材质的基层处理要求是不同的，下面介绍混凝土基层、胶合板基层及轻体砌块基层的粘贴方法。需注意的是，不同材质基层的接缝处必须粘贴接缝带，否则极易出现裂缝、起皮等情况。

①　壁纸、壁布混凝土基层施工

第一步：基层处理

基层处理直接影响到壁纸、壁布的装饰效果，所以应该认真做好基层墙面的处理工作。对处理后的基层的要求可以总结为平整、清洁、干燥，颜色均匀一致，无空隙、凸凹不平等缺陷。

第二步：扫毛、找平

先用专用胶水掺素水泥砂浆，增加层间的黏结力，为不影响壁纸、壁布粘贴的平整度，再用水泥石灰膏砂浆进行打底扫毛并找平。

第三步：满刮腻子

腻子需满刮三遍，第一遍腻子用胶皮刮板横向满刮，第二遍腻子用胶皮刮板竖向满刮，第三遍腻子则大面积用钢片刮板满刮，同时用水石膏将墙面缝隙等进行填补并找平，待腻子干燥后，用砂纸将墙体表面磨光、磨平，然后清扫墙面。

第四步：刷专业基膜

按照相应的比例来调制基膜，调制好后再用滚筒来对墙面进行涂刷，对于边角处可以用毛刷涂刷，以保证墙面涂刷均匀。

第五步：计算用料、裁切

根据设计要求决定壁纸、壁布的粘贴方向，然后计算用料并进行裁切。应按所量尺寸每边留出 2～3cm 余量，如采用塑料壁纸，应在水槽内先浸泡 2～3min，拿出后，抖去余水，将纸面用净毛巾擦干。

第六步：刷胶

分别在壁纸、壁布及墙上刷胶，刷胶宽度应相吻合，墙上刷胶一次不应过宽。

第七步：裱糊

裱糊时从墙的阴角开始铺贴第一张，从上往下先用手铺平，再用刮板刮实，并用小辊子将上、下阴角处压实。第一张粘好留 1～2cm 然后粘铺第二张，与第一张搭槎 1～2cm，自上而下对缝，拼花要端正，用刮板刮平，用钢板尺将第一、第二张搭槎处切割开，将纸边撕去，边槎处带胶压实，并及时将挤出的胶液用湿毛巾擦净，然后用同样的方法将接顶、接踢脚的边切割整齐，并带胶压实。

第八步：修整

裱糊完成后应认真检查，对壁纸、壁布的翘边翘角、气泡、皱折及未擦净的胶痕等，应及时处理和修整，使之完善。

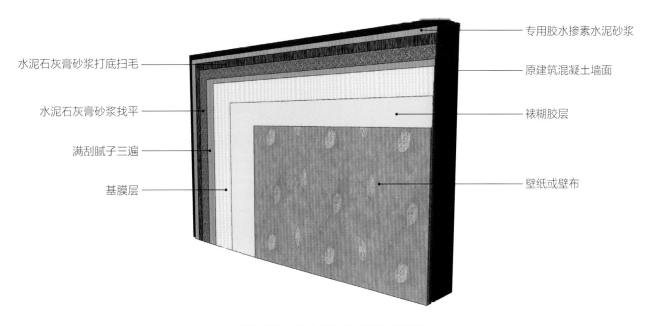

水泥石灰膏砂浆打底扫毛 ——

水泥石灰膏砂浆找平 ——

满刮腻子三遍 ——

基膜层 ——

—— 专用胶水掺素水泥砂浆

—— 原建筑混凝土墙面

—— 裱糊胶层

—— 壁纸或壁布

壁纸壁布混凝土基层施工三维示意图

在混凝土基层墙面上选择宇宙主题的壁纸装饰墙面，搭配宇航员挂饰，充满幻想和童真，用简洁的手法表现出儿童的特点

② 壁纸、壁布胶合板基层施工

第一步：基层处理

基层处理直接影响到壁纸壁布的装饰效果，所以应该认真做好基层墙面的处理工作。对处理后的基层的要求可以总结为平整、清洁、干燥，颜色均匀一致，无空隙、凸凹不平等缺陷。

第二步：粘贴胶合板

胶合板经防火防腐处理后，背面均匀涂刷一层专用胶液，然后与水平线、垂直线对齐并紧密粘贴。粘贴后要挤压至胶液固化，再卸下挤压力。

第三步：满刮腻子

腻子需满刮三遍，第一遍腻子用胶皮刮板横向满刮，第二遍腻子用胶皮刮板竖向满刮，第三遍腻子则大面积用钢片刮板满刮，同时用水石膏将墙面缝隙等进行填补并找平，待腻子干燥后，用砂纸将墙体表面磨光、磨平，然后清扫墙面。

第四步：刷专业基膜

按照相应的比例来调制基膜，调制好后再用滚筒来对墙面进行涂刷，对于边角处可以用毛刷来涂刷，以保证墙面涂刷均匀。

第五步：计算用料、裁切，刷胶

根据设计要求决定壁纸、壁布的粘贴方向，然后计算用料并进行裁切。分别在壁纸、壁布及墙上刷胶。

第六步：裱糊、修整

裱糊时注意壁纸或壁布的拼缝处花形要对接拼搭好。铺贴前应注意花形及纸的颜色力求一致。花形拼接如出现困难，错槎应尽量甩到不显眼的阴角处，大面不应出现错槎和花形混乱的现象。裱糊完成后应认真检查并修整不足之处。

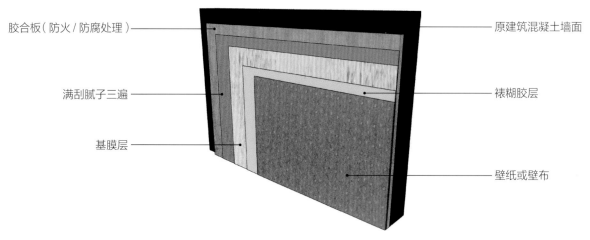

胶合板（防火/防腐处理） —— 原建筑混凝土墙面

满刮腻子三遍 —— 裱糊胶层

基膜层 —— 壁纸或壁布

壁纸、壁布胶合板基层施工三维示意图

花纹或颜色与室内其他建材相比较为突出的类型，可以小面积应用于部分墙面上，形成鲜明的对比，让壁纸的特点更突出

无缝壁布十分适合用来表现带有画面感的主题，其没有缝隙，装饰在胶合板墙面成为一个整体，不仅更美观，还可有效避免开裂

③ 壁纸、壁布轻体砌块基层施工

第一步：基层处理

　　基层应平整，同时墙面阴阳角垂直方正，墙角小圆角弧度大小上下一致，表面坚实、平整、洁净、干燥，没有污垢、尘土、沙粒、气泡、空鼓等现象。安装于基面的各种开关、插座、电器盒等突出的设置，应先卸下扣盖等影响壁纸施工的部件。

第二步：刷界面剂

　　基层处理经工序检验合格后，在处理好的基层上涂刷防潮底漆及一遍界面剂，要求涂刷薄而均匀，墙面要细腻光洁，不应有漏刷或流淌等现象。

第三步：涂刷腻子和基膜

　　在基层上刮三遍专用的粉刷腻子，每次需等上一遍腻子干燥后再涂刷下一层。刮完腻子后将其晾干并对墙面进行打磨抛光，再涂刷基膜，加强墙底的防水、防毒功能。

第四步：裁切

　　按基层实际尺寸进行测量，计算所需用量，并在壁纸每一边预留 20~50mm 的余量，从而计算需要的卷数以及裁切方式。

第五步：刷胶

　　壁纸、壁布和墙面需刷胶黏剂一遍。胶黏剂不能刷得过多、过厚、不均匀，以防溢出；壁纸避免刷不到位，以防止产生起泡、脱壳、壁纸黏结不牢等现象。

第六步：裱糊、修整

　　裱糊时注意壁纸或壁布的拼缝处花形要对接拼搭好。铺贴前应注意花形及纸的颜色力求一致。花形拼接如出现困难，错槎应尽量甩到不显眼的阴角处，大面不应出现错槎和花形混乱的现象。裱糊完成后应认真检查并修整不足之处。

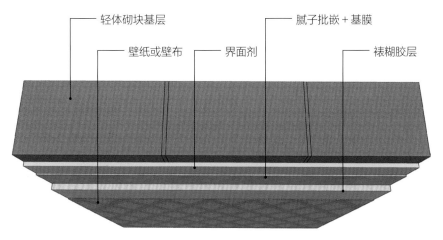

轻体砌块基层　　腻子批嵌 + 基膜

壁纸或壁布　　界面剂　　裱糊胶层

壁纸、壁布轻体砌块基层施工三维示意图

轻体砌块质轻却具有较高的强度，因此现在很多建筑尤其是高层建筑都会使用它来砌筑墙面。壁纸和壁布纹理和色彩多样，铺贴壁纸或壁布饰面，能够带来更多样化的饰面效果

/ 壁纸、壁布施工验收要点 /

面层材料和辅助材料的品种、级别、性能、规格、花色必须符合设计、产品技术标准与现行施工验收规范的要求，并符合建筑内装修设计防火有关规定。

壁纸、壁布必须黏结牢固，无空鼓、翘边、皱折等缺陷。

裱糊后的壁纸、壁布表面应平整，色泽应一致，不得有波纹起伏、气泡、裂缝、皱折及斑污，斜视时应无胶痕。

各幅拼接应横平竖直，图案端正，拼缝处的图案花纹拼接吻合无误。

距墙 1m 处止视不显拼缝，阴角处搭接顺光，阳角无接缝，角度方正，边缘整齐无毛边。

三、皮革

在旧石器时代，皮革就被用于制衣和制作装饰品，只是那时的皮革一般是未经加工的天然皮革。近代科学技术的发展，让皮革产品的发展发生了巨大的变化。

1. 皮革的基本常识

① 简介

皮革是经脱毛和鞣制等物理、化学加工所得到的已经变性、不易腐烂的动物皮或者人工制造的仿皮。其表面有一种特殊的粒面层，具有自然的粒纹和光泽，手感舒适，是一种高档的室内装饰建材。经过科技文明的塑造，它以环保、绿色、独特的新面貌为现代室内空间设计带来了创新。越来越多的设计师开始将皮革建材应用于不同室内装饰的实践和设计中，不仅最大限度地突出了皮革建材在室内装饰中的美感，也契合了消费者对绿色可持续发展理念的追求。总的来说，皮革建材可分为天然皮革和人造皮革两类，多用于室内墙面的装饰。

② 特性

天然皮革的特性

装饰性好、手感好。天然皮革染色性好，具有光泽感，可塑性强，纹路色彩丰富。柔软度好，表面纹路自然、平整、细腻，手感、触感良好。

耐磨。天然皮革厚度较大，通常都大于1mm，耐折、耐磨，成型后不易变形。

透气性好。天然皮革有许多天然的毛细孔，所以透气性好。

天然缺陷。天然皮革质地不均，有部位差，形状大小不一，损耗大，表面有天然瑕疵。

不能受潮、浸水。天然皮革受潮容易发霉，浸水后容易膨胀，干后会收缩，尺寸不稳定。

人造皮革的特性

颜色多样。人造皮革由人工成分制造，可任意调制色彩，因此色彩比天然皮革的选择范围广。

幅面大。人造皮革不存在天然皮革大小、部位差等情况，幅面的尺寸可以根据设计方案进行定制。

无瑕疵。人造皮革表面粒纹细致、颜色均匀，无起皮、裂纹现象，厚薄一致。

有一定强度。人造皮革有一定的韧性、强度、耐磨性和耐寒度。

手感柔软。人造皮革手感柔软、有弹性，但触感整体不如天然皮革。

透气性差。人造皮革没有天然毛细孔，所以透气性差，低温变硬后会导致龟裂和手感变差。

背景墙上使用棕色系的皮革软包、硬包与黑色的大理石边框相结合，为空间增添了高级感和品质感，虽然墙面面积较大，但软包部分采用了起伏的造型设计，避免了单调感的产生

③ 分类、特点及适用范围

天然皮革和人造皮革分别包含不同的类型，具体的分类、特点及适用范围，如下表所示。

皮革的分类、特点及适用范围

名称		例图	特点	适用范围
天然皮革	全粒面革		由伤残较少的上等原料皮加工而成 革面上保留完好的天然状态 涂层薄，能展现出动物皮自然的花纹美 耐磨，且具有良好的透气性 在诸多的皮革品种中，居于榜首	局部墙面、背景墙、家具
	修面革		利用磨革机将革表面轻磨后进行涂饰，再压上相应的花纹而制成 对带有伤残或粗糙的革面进行修整 几乎失掉原有的表面状态，涂饰层较厚 耐磨性和透气性比全粒面革差	局部墙面、背景墙、家具
	二层革		厚皮用片皮机剖层而得 头层用来做全粒面革或修面革 二层经过涂饰或贴膜等工序制成二层革 牢固度、耐磨性较差 同类皮革中最廉价的一种	局部墙面、背景墙、家具
人造皮革	PVC人造皮革		在织物上涂覆PVC树脂、助剂，再覆盖一层PVC膜，经一定的工艺加工制成 强度高，加工容易，成本低廉 近似天然皮革，具有柔软、耐磨等特点 耐油性、耐高温性差，低温柔软性和手感较差	局部墙面、背景墙、家具、移门
	PU人造皮革		以PU树脂为原料制成 透气性、柔韧性、手感、外观等方面，几乎与天然皮革相仿 但整体性能不如PU合成皮革	局部墙面、背景墙、家具、移门
	PU合成皮革		以PU树脂与无纺布为原料制成 更接近天然皮革的质感 不会变硬、变暗，色彩丰富，定型效果好 强度高，薄而有弹性，柔软滑润 透气、透水性好，并可防水	局部墙面、背景墙、家具、移门

④ **常用参数**

天然皮革的皮料来源不同，参数无法衡量，下面主要介绍人造皮革的常用参数。

人造皮革的常用参数

名称	常用参数
厚度	（0.5±0.05）mm
撕裂强度	经向≥12N；纬向≥10N
剥离强度（经向、纬向）	≥12N
耐摩擦色牢度	≥4级
耐寒性能	-15℃，无裂口

注：上表中的参数为部分人造皮革产品的平均值，不同品种、不同厂家的产品数值会略有不同。

若追求色差小、具有统一感的皮革饰面，可以选择人造皮革，其色彩和纹理为人工制造，同一批次的产品基本不存在色差问题，而天然皮革则无法达到这种效果

2. 皮革的施工流程及施工工艺

皮革类建材，在室内空间中最常用于软包或硬包造型的设计与施工，两者的施工流程和工艺略有区别。

① 皮革软包施工

第一步：基层或底板处理

在墙上预埋木砖、抹水泥砂浆找平层、刷喷冷底子油。铺贴一毡二油防潮层，安装木墙筋（中距为450mm）或金属龙骨，上铺胶合板。如采取直接铺贴法，需先将底板拼缝用油腻子嵌平密实、满刮腻子两遍，待腻子干燥后用砂纸磨平，粘贴前，在基层表面满刷清油（清漆＋香蕉水）一道。

第二步：定位弹线

根据设计图纸要求，把该房间需要软包的墙面装饰尺寸、造型等通过吊直、套方、找规矩、弹线等工序，把实际设计的尺寸与造型落实到墙面上。

第三步：计算用料、套裁填充料和面料

首先根据设计图纸的要求，确定软包墙面的具体做法。其次按照设计要求进行用料计算和填充料、面料套裁工作。需注意同一房间、同一图案与面料必须用同一卷材料和相同部位（含填充料）套裁面料。

第四步：粘贴皮革

首先按照设计图纸和造型的要求粘贴填充料，按设计用料把填充垫层固定在预制铺贴镶嵌底板上；然后把皮革面料按照定位标志找好横竖坐标并上下摆正，把上部用木条用钉子临时固定，然后找好下端和两侧位置后，便可按设计要求粘贴面料。

第五步：安装贴脸或装饰边线

根据设计选择和加工好的贴脸或装饰边线，按设计要求先把油漆刷好（达到交活条件），便可把事先预制铺贴镶嵌的装饰板进行安装，首先经过试拼达到设计要求和效果，然后便可与基层固定，安装贴脸或装饰边线，最后涂刷镶边油漆即成活。

第六步：修整软包墙面

清理软包表面的灰尘，并处理面料上的钉眼及胶痕。

/ 皮革软包施工验收要点 /

软包墙面木框、底板面料及其他填充材料，必须符合设计要求及建筑内装修设计防火的有关规定。

软包木框构造作法必须符合设计要求，钉粘严密、镶嵌牢固。

表面面料平整，经纬线顺直，色泽一致，无污染。压条无错台、错位。

单元尺寸正确，松紧适度，面层挺括，棱角方正，周边弧度一致，填充饱满，平整，无皱折、无污染，接缝严密，图案拼花端正、完整、连续、对称。

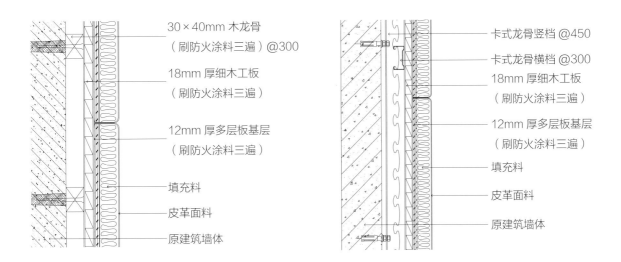

30×40mm 木龙骨
（刷防火涂料三遍）@300

18mm 厚细木工板
（刷防火涂料三遍）

12mm 厚多层板基层
（刷防火涂料三遍）

填充料

皮革面料

原建筑墙体

卡式龙骨竖档 @450

卡式龙骨横档 @300

18mm 厚细木工板
（刷防火涂料三遍）

12mm 厚多层板基层
（刷防火涂料三遍）

填充料

皮革面料

原建筑墙体

皮革软包墙面木龙骨及卡式龙骨施工示意图

软包的形式多种多样，可以设计成大块面，也可以设计成条形、柱形或菱形甚至是不规则的曲线形状，本案为简欧风格，简洁与华丽感兼容，所以设计师用用菱形白色人造皮革软包设计背景墙，搭配黑色不锈钢边框，来表现华丽而高雅的气质

② 皮革硬包施工

第一步：基层处理，安装龙骨和基层板

墙面基层涂刷清油或防腐涂料，防潮层不允许用沥青油毡，应待墙面干燥后再进行施工作业。用膨胀螺栓将卡式龙骨横档固定在混凝土墙面上，中距450mm，将卡式龙骨竖档与龙骨卡槽连接固定，中距300mm。18mm厚细工木板（刷防火涂料三遍）用钢钉与U形轻钢龙骨固定，进行找平处理。也可以使用木龙骨或轻钢龙骨，具体根据实际情况选择合适的龙骨。

第二步：定位弹线

根据设计图纸要求，把需要制作的房间的硬包墙面的装饰尺寸、造型等通过吊直、套方、找规矩、弹线等工序，把实际设计的尺寸与造型放到墙面基层上。

第三步：裁割衬板，试铺衬板

根据设计图纸的要求，按硬包造型尺寸裁割衬底板材，衬板尺寸应为硬包造型尺寸减去外包饰面的厚度，一般为2~3mm。衬板一般使用密度板。按图纸所示尺寸、位置试铺衬板，尺寸位置有误的须调整好，然后按顺序拆下衬板，并在背面标号，以待粘贴面料。

第四步：计算用料、套裁面料

根据设计图纸的要求，进行用料计算、皮革面料的套裁工作，裁切尺寸须大于衬板（含板厚）40~50mm。同一房间、同一图案与面料必须用同一卷材料套裁。裁割时应注意面料的方向，宜按面料长度方向裁割。

第五步：粘贴面料

按设计要求将裁好的皮革面料按照定位标志找好横竖坐标，上下摆正粘贴与衬板上，并将大于衬板的皮革面料顺着衬板侧面贴至衬板背面，然后用胶水及马钉固定。衬板必须进行防潮处理，可刷一层光油。皮革面料铺贴各个方向松紧度、纹路走向须一致。

第六步：硬包板块安装

将粘贴完面料的板块（硬包）按编号用免钉胶固定在墙面基层板上，并调整平直。打胶方法：在硬包板背面以"之"字形挤出数行免钉胶，每行间距400mm，将带胶的一面压向黏结处，再轻轻拉开，让免钉胶挥发1~3分钟，然后两面压紧；接着用细枪钉钉紧或卡紧，待免钉胶凝固后（约24小时），再移除钉子。

/ 皮革硬包施工验收要点 /

硬包面料、衬板及边框的材质、颜色、图案、燃烧性能等级和木材的含水率应符合设计要求及国家现行标准的有关规定。硬包工程的安装位置及结构做法应符合设计要求。

硬包工程的龙骨、衬板、边框应安装牢固，无翘曲，拼缝应平直。

单块硬包面料不应有接缝，四周应绷压平直。

硬包工程表面应平整、洁净，无凹凸不平及皱折；图案应清晰、无色差，整体应协调美观。

硬包边框、线条应平整、顺直、接缝吻合。

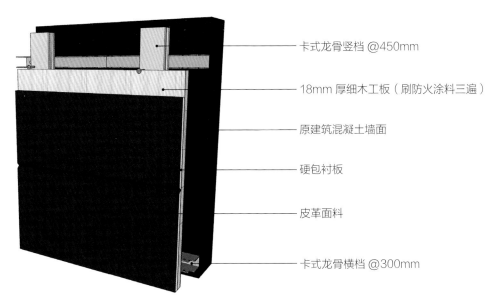

卡式龙骨竖档 @450mm

18mm 厚细木工板（刷防火涂料三遍）

原建筑混凝土墙面

硬包衬板

皮革面料

卡式龙骨横档 @300mm

皮革硬包墙面施工三维示意图

皮革硬包除了可以设计成平面形式外，还可以选择经过雕刻处理的浮雕式皮革，此类皮革与壁纸类似，可以设计成各种图案，比平面皮革更具个性感，不同的室内风格可选择合适的图案进行定制

3. 皮革软硬包与乳胶漆结合的装饰效果与施工方法

　　乳胶漆表面平滑且没有任何纹理，与皮革软硬包结合能够很好地凸显出皮革面料本身纹理的特点，使其装饰性更加突出。乳胶漆的色彩丰富，与各色皮革均能形成较为和谐的装饰效果，它们的结合有三种较为常用的施工方法。

① 施工流程

　　施工方法一、施工方法二：现场放线→基层处理→多层板基层固定→满刮腻子→乳胶漆施工→软硬包施工→完成面处理。
　　施工方法三：现场放线→基层处理→木龙骨框架固定调平→细工木板固定→满刮腻子→乳胶漆施工→软硬包施工→完成面处理。

② 注意事项

　　两者结合施工时，通常先进行乳胶漆施工而后进行软硬包部分的施工，衔接或交接部分用不锈钢边框、木边框或木条等进行过渡。

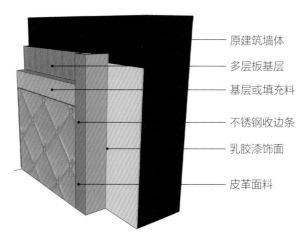

原建筑墙体
多层板基层
基层或填充料
不锈钢收边条
乳胶漆饰面
皮革面料

皮革软硬包与乳胶漆结合施工三维示意图（一）

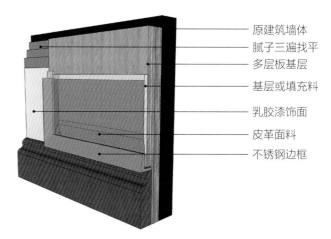

原建筑墙体
腻子三遍找平
多层板基层
基层或填充料
乳胶漆饰面
皮革面料
不锈钢边框

皮革软硬包与乳胶漆结合施工三维示意图（二）

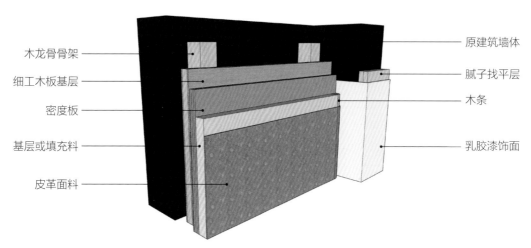

木龙骨骨架
细工木板基层
密度板
基层或填充料
皮革面料

原建筑墙体
腻子找平层
木条
乳胶漆饰面

皮革软硬包与乳胶漆结合施工三维示意图（三）

乳胶漆与皮革硬包背景墙相结合，可以借助乳胶漆平滑的表面及素雅的色彩，很好地表现出皮革硬包的质感和造型感

四、地毯

中国地毯，有文字记载的可追溯到 3000 多年以前，有实物可考的也有 2000 多年历史，属于室内建材中为数不多的工艺美术品类之一。

1. 地毯的基本常识

1 简介

地毯是以棉、麻、毛、丝、草纱线等动植物纤维或聚丙烯、聚酯、聚丙烯腈、尼龙纤维等化学纤维为原料，经编织而制成的地面铺装软性地材。其质地柔软，具有多种性能，且集装饰性和实用性于一身。可用于覆盖住宅、宾馆、酒店、会议室、娱乐场所等多种场所的室内地面。

2 特性

艺术美感。地毯具有丰富的图案、绚丽的色彩、多样化的造型，这是其他地材无法比拟的。

脚感舒适。地毯为软性地材，脚感舒适、有弹性，且具有温暖感。

吸音降噪。地毯结构紧密透气，可以吸收及隔绝声波，有良好的隔音效果。

改善空气质量。地毯表面绒毛可以捕捉、吸附空气中的尘埃颗粒，能有效改善室内空气质量。

安全性高。地毯不易滑倒磕碰，即使摔倒也不容易受伤，安全性非常高。

调节温度。地毯冬天可以保暖，夏天可以防止冷气流失，达到调温、节能的目的。

3 分类、特点及适用范围

地毯按照材质可分为羊毛、混纺、纯棉、化纤和天然纤维编织地毯等多种类型。

地毯的分类、特点及适用范围

名称	例图	特点	适用范围
羊毛地毯		毛质细密，具有天然的弹性，受压后能很快恢复原状，吸音、保暖、脚感舒适 不带静电，不易吸尘土，阻燃 图案精美，不易老化褪色	酒店、会所、住宅
混纺地毯		掺有合成纤维，使用性能有所提高 花色、质感和手感上与羊毛地毯差别不大 克服了羊毛地毯不耐虫蛀的缺点 具有更高的耐磨性，吸音、保湿、弹性好	酒店、会所、酒吧、KTV、售楼处、餐厅、住宅

续表

名称	例图	特点	适用范围
纯棉地毯		抗静电，吸水性强，脚感柔软舒适 便于清洁，可以直接放入洗衣机清洗 耐磨性不如混纺地毯和化纤地毯	酒店、会所、住宅
化纤地毯		包括聚丙烯地毯、丙纶地毯、尼龙地毯等 耐磨性好并且富有弹性，价格较低 克服了羊毛地毯易腐蚀、易霉变的缺点 阻燃性、抗静电性相对较差	酒店、会所、酒吧、KTV、售楼处、餐厅、住宅
天然纤维编织地毯		由草、剑麻、玉米皮等材料纺织而成 乡土气息浓厚，效果自然，风格淳朴 更合适夏季铺设 易脏、不易保养，不适用于潮湿地区	酒店、会所、住宅

④ 常用参数

地毯的常用参数包括编织密度、绒毛粘合力、耐燃性、背衬剥离强力、回弹性及耐磨次数等，具体可参考下表。

地毯的常用参数

名称	常用参数
编织密度	90～150道（普通家用产品）；200～400道（高档产品）
绒毛粘合力	＞12N（平绒毯）；＞20N（圈绒毯）
耐燃性	12分钟之内燃烧面积的直径＜17.96cm
背衬剥离强力	≥25N
回弹性	＜20%～26%
耐磨次数	5000～10000次

注：上表中的参数为部分地毯产品的平均值，不同材质、不同厂家的产品数值会略有不同。

2. 地毯的施工流程及施工工艺

地毯的施工根据地毯类型（满铺毯、拼块毯）的不同而不同，较为常用的主要是倒刺板条固定法和粘贴法两种施工方法。

① 地毯倒刺板条固定法

第一步：基层处理

基层的底层必须加做防潮层（如一毡二油防潮层、油毡防潮层等，底层均刷冷底子油一道），而后在防潮层上面做50mm厚1：2：3细石混凝土层，撒1：1水泥砂压实赶光，要求表面平整、光滑、洁净，应具有一定的强度，含水率不大于8%。

第二步：弹线、套方、分格、定位

要严格按照设计图纸对各个不同部位和房间的具体要求进行弹线、套方、分格，若图纸有规定和要求，则严格按图施工。若图纸没具体要求，应对称找中线并弹线，然后定位铺设。

第三步：地毯剪裁

一定要精确测量房间尺寸，并按房间和所用地毯型号逐一登记编号。然后根据房间尺寸、形状用裁边机裁下地毯料，每段地毯的长度要比房间长出2cm左右，宽度要以裁去地毯边缘线后的尺寸计算。弹线裁去边缘部分，然后用手推裁刀从毯背裁切，裁好后卷成卷并编上号，放入对号房间里。大面积房厅应在施工地点剪裁地毯。

第四步：钉倒刺板挂毯条

沿房间或走道四周踢脚线边缘，用高强水泥钉将倒刺板钉在基层上（钉朝向墙的方向），其间距约40cm左右。倒刺板应离开踢脚线面8~10mm，以便于钉牢倒刺板。

第五步：铺设衬垫

用点粘法给衬垫涂刷107胶或聚醋酸乙烯乳胶，将其粘在地面基层上，注意，衬垫要离开倒刺板10mm左右。

第六步：缝合地毯

将裁好的地毯虚铺在垫层上，然后将地毯卷起，在拼接处缝合。缝合完毕，用塑料胶粘贴缝合处，保护接缝不被划破或勾起，然后将地毯平铺，用弯钉在接缝处做绒毛密实的缝合。

第七步：固定地毯

先将地毯的一条长边固定在倒刺板上，毛边掩到踢脚线下，用地毯撑子拉伸地毯。然后将地毯固定在另一条倒刺板上，掩好毛边。用裁割刀割掉长出的地毯。一个方向拉伸完毕，再进行另一个方向的拉伸，直至四个边都固定在倒刺板上。

第八步：细部处理及清理

地毯铺设完毕，固定收口条后，应用吸尘器清扫干净，并将毯面上脱落的绒毛等彻底清理干净。

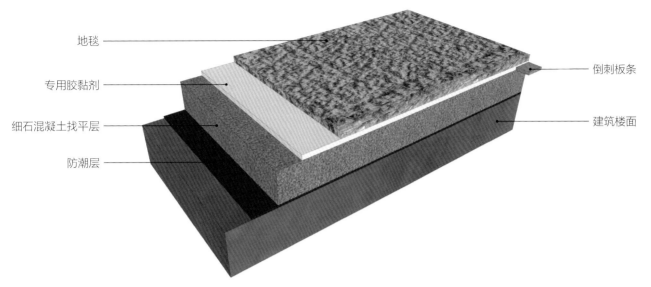

地毯 ——————

专用胶黏剂 ——————

细石混凝土找平层 ——————

防潮层 ——————

—————— 倒刺板条

—————— 建筑楼面

地毯倒刺板条固定法施工三维示意图

当地毯的铺设面积比较大时，采用倒刺板条铺设法，能够让地毯固定得更加牢固，尤其适合块面尺寸较大的地毯

② 地毯粘贴法施工

第一步：基层处理

    铺设地毯的基层，一般是水泥地面，也可以是木地板或其他材质的地面。要求表面平整、光滑、洁净，如有油污，须用丙酮或松节油擦净。如为水泥地面，应具有一定的强度，含水率不大于 8%，表面平整，偏差不大于 4mm。

第二步：弹线、套方、分格、定位

    要严格按照设计图纸对各个不同部位和房间的具体要求进行弹线、套方、分格。若图纸有规定和要求，则严格按图施工。若图纸没具体要求，应对称找中线并弹线，然后定位铺设。

第三步：地毯剪裁

    一定要精确测量房间尺寸，并按房间和所用地毯型号逐一登记编号。然后根据房间尺寸、形状用裁边机裁下地毯料，每段地毯的长度要比房间长出 2cm 左右，宽度要以裁去地毯边缘线后的尺寸计算。弹线裁去边缘部分，然后用手推裁刀从毯背裁切，裁好后卷成卷并编上号，放入对号房间里。大面积房厅应在施工地点剪裁地毯。

第四步：用胶黏剂黏结固定地毯

    先在地毯拼缝处衬一条 10cm 宽的麻布带，用胶黏剂粘贴，然后将胶黏剂涂刷在基层上，适时黏结、固定地毯。铺粘地毯时，先在房间一边涂刷胶黏剂，铺放预先裁割的地毯，然后用地毯撑子向两边撑拉，再沿墙边刷两条胶黏剂，将地毯压平掩边。

第五步：细部处理

    要注意门口压条的处理和门框、走道与门厅，地面与管根、暖气罩、槽盒，走道与卫生间门坎，楼梯踏步与过道平台，内门与外门，不同颜色地毯交接处和踢脚线等部位地毯的套割、固定和掩边工作，必须黏结牢固。

第六步：清理

    地毯铺设完毕，固定收口条后，应用吸尘器清扫干净，并将毯面上脱落的绒毛等彻底清理干净。

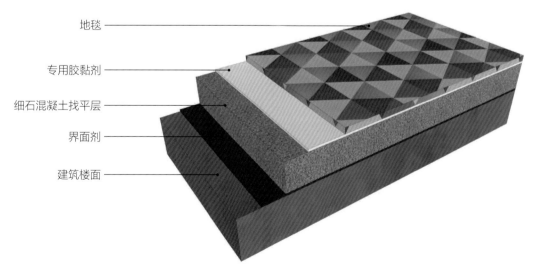

地毯
专用胶黏剂
细石混凝土找平层
界面剂
建筑楼面

地毯粘贴法施工三维示意图

粘贴施工法，更适合块面尺寸较小的地毯，如拼块地毯等，这种地毯用胶粘与地面会更加贴合，不宜翘起。满铺的情况下，根据局部区域需要，还可以在地毯上面搭配块毯

/ 地毯施工验收要点 /

各种地毯的材质、规格、技术指标必须符合设计要求和施工规范的规定。

地毯的色彩、纹理、图案拼接等，应与设计方案相符。

地毯表面应整洁、干净，无损伤。

地毯与基层固定必须牢固，无卷边、翻起现象。

地毯表面平整，无打皱、鼓包现象。

地毯的拼缝处应平整、密实，在视线范围内不显拼缝。

地毯与其他地面的收口或交接处应顺直。

地毯的绒毛应理顺，表面洁净，无油污杂物等。

粘贴固定的地毯与地面粘贴牢固，脱胶面积不超过 5%。

3. 地毯与石材结合的装饰效果与施工方法

地毯与石材结合很适合追求高档感的室内空间，两种建材的厚度通常存在差别，所以地毯部位的水泥砂浆找平要根据石材整体铺设的高度来逆推厚度，理论上，其找平完成面应比石材底面高 2 ~ 3mm，常见的做法共有三种，可根据实际情况选择适合的施工方法。

① 施工流程

基层处理→涂刷界面剂→做找平层→涂石材专用粘结剂→铺贴石材→固定收边条→做找平（地毯）→铺贴专用胶垫→固定钉条→铺设地毯→清理。

② 注意事项

两者直接结合施工时，常用 L 形收边条进行分隔，起到固定和收口的作用。做法一中，石材上方会裸露出嵌条的一部分，所有室内空间中均可使用该做法；做法二中，收边条裸露出的边缘较小，地毯适用胶垫粘贴的方式施工，更适合小面积的地毯与石材相接的情况；做法三中，收边条裸露得较少，地毯采用倒刺板条固定的方式进行安装，适合整块地毯和石材相接的情况。

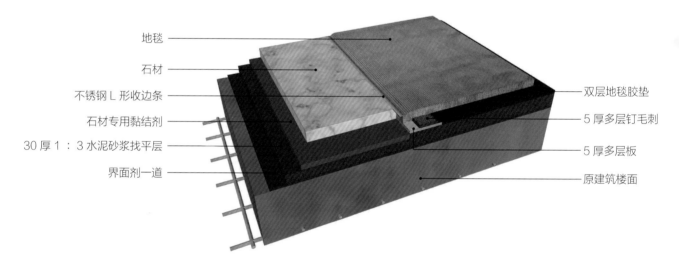

地毯与石材（L 形收边条 1）结合施工三维示意图

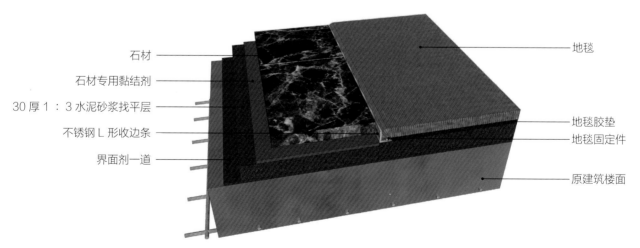

地毯与石材（L 形收边条 2）结合施工三维示意图

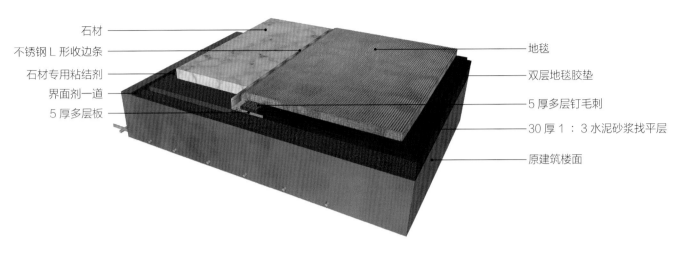

石材
不锈钢 L 形收边条
石材专用粘结剂
界面剂一道
5 厚多层板

地毯
双层地毯胶垫
5 厚多层钉毛刺
30 厚 1 ∶ 3 水泥砂浆找平层
原建筑楼面

地毯与石材（L 形收边条 3）结合施工三维示意图

地毯与地砖结合常见于公共空间中，两者之间采用金属收边条做过渡，可以让不同伸缩率的建材结合得更加牢固且美观

4. 地毯与地砖结合的装饰效果与施工方法

地砖是现在室内空间中非常常见的一种地面建材，其对使用空间基本没有什么限制且款式多样，而地毯也不再仅作为工艺品，其价格的选择范围也非常大，所以两者结合的设计也十分常见，且能够适应多种场合。两者结合施工时，可直接衔接，也可以门槛石为过渡，后一种做法的层次感更丰富一些。

① 施工流程

基层处理→做找平层→做黏结层→铺贴门槛石→铺贴地砖→固定嵌条→做找平（地毯）→铺贴胶垫→固定倒刺板条→铺贴地毯。

② 注意事项

门槛石可以选择各类石材，注意其颜色和纹理须与地毯和地砖同时搭配协调。地毯与门槛石一侧通常使用不锈钢条（T形、L形等）做固定和收口；地砖与门槛石则无须过渡，直接衔接即可，但因两种建材通常有高差，所以需注意基层高度的协调。

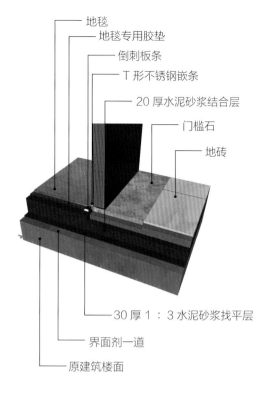

地毯
地毯专用胶垫
倒刺板条
T 形不锈钢嵌条
20 厚水泥砂浆结合层
门槛石
地砖
30 厚 1：3 水泥砂浆找平层
界面剂一道
原建筑楼面

地毯与地砖结合施工三维示意图

灰色仿石材纹理的玻化砖与灰色条纹图案的地毯之间，用深灰色的门槛石做过渡，更具和谐感和自然感

第七章

地板建材

　　覆盖在房屋地面或楼面的表层，由木料或其他材料做成的建材即为地板，其能够起到装饰和保护作用。随着科技的不断发展，地板的种类越来越多，适用范围也越来越广泛，成为室内空间应用频率极高的地面建材。本章详细介绍了室内常用地板建材的性能、特点、适用范围、常用参数、施工要点、验收及与其他建材混搭施工等方面的知识，以帮助读者较为全面地了解地板建材。

一、概述

地板的色彩、纹理多样，不同风格的室内空间都能够匹配到适合的样式，且地板具有其他地面建材无可比拟的亲切、自然的效果，因而深受人们喜爱。

1.地板建材的分类及性能

中国的地板由鲁班发明，最早使用实木制造而成，但实木地板的使用有很多限制且需要精心保养。后来人们研发出了更多种类的地板，以满足更多样化的使用需求。总的来说，地板可分为木质地板和软性地板两大类。

① 木质地板

木质地板指使用木质材料制作而成的一类地板。其按照构成材料和制作方式的不同可分为竹木地板、复合地板及软木地板三种类型。

竹木地板的性能

竹木地板可分为实木地板及竹地板两种类型。

实木地板用天然纯实木制成，表面有木材天然的木纹，具有较为优越的物理性能，如耐污、耐磨、耐腐蚀、耐水、耐燃、耐热、抗冲击等。但因为所用的原料为天然材料，因此虫害、变形、开裂等木材具有的通病难以避免，只有极少数的木种可以避免，但价格较高。

竹地板以竹子为主要制作材料，采用粘胶剂，施以高温高压而成。其既富有天然材质的自然美感，耐磨、耐用、抗震，牢固稳定，不开胶，不变形；而且具有超强的防虫蛀功能，冬暖夏凉、防潮耐磨、使用方便，还可减少对木材的使用量，起到保护环境的作用。

复合木地板的性能

复合木地板可分为实木复合地板和强化复合地板两种类型。

实木复合地板也以木材为主要制作材料，但是人为改变了木材的结构，使其性能更为优越。它克服了实木地板单向同性的缺点，干缩湿胀率小，具有较好的尺寸稳定性，并保留了实木地板的自然木纹和舒适的脚感。

强化复合地板也称强化地板，学名为浸渍纸层压木质地板，通常是将人造材料进行专业技术热压而成。其适用范围广泛，无须维护，具有耐污、耐磨、抗酸碱性好、防潮、阻燃、抗冲击、不开裂、不变形等优点。

软木地板的性能

软木地板被称为"地板的金字塔尖上的消费"。与实木地板相比，其更具环保性、隔音性，防潮效果也更好，防滑、耐磨且具有弹性，能够给人极佳的脚感。

实木地板的纹理和色泽更具自然感，因为具有一定的厚度，所以脚感也更舒适，但是存在色差和一定的瑕疵

复合木地板经过人为加工，所以不存在实木地板的色差、瑕疵等问题，适用范围更广，甚至开放式厨房中也可以铺设

② 软性地板

软性地板是相对于木地板等具有硬挺感的地板而言的。它可以卷起来，具有柔软的特性，因此被称为软性地板。常用的为 PVC 地板和亚麻地板。此类地板具有绿色环保、脚感舒适、导热保暖、吸音降噪、轻薄、耐磨、防滑、耐酸碱等多种优越的性能。

亚麻地板的色彩十分多样，在一些面积较大的空间中，可以用不同颜色的亚麻地板进行拼接，使地面的装饰效果十分个性

随着复合木地板销售量的不断提高，其开发愈加深入，表面纹理更加逼真，用其铺设地面，甚至能够实现接近实木地板的效果

2.地板建材的运用趋势

最早，人们选择地板多注重实用性，随着装修行业的不断发展，地板的装饰性也越来越受重视。近十年，地板建材获得了较快的发展，无论是种类还是款式，都有很多突破。

1 木质地板的运用趋势

当前，木质地板的优势主要体现在品种、纹理等方面，这就为个性设计提供了坚实的基础，因此在其运用上，除了普通的铺装方式外，用花拼来增添个性成为大势所趋。从种类的选择上来说，实木复合地板有广泛应用的趋势，一是因为原材料更加经济；二是因为技术进步带来加工工艺的改变，让此类地板的结构更加稳定，且让木材的自然纹理能够更加完美地得到展现。

2 软性地板的运用趋势

目前，软性地板的使用率不如木质地板，但其具有独特的质感和个性的效果，因此越来越受年轻人群的喜爱，使用率有所提升。而其的具体运用趋势，则主要体现在表面纹理图案和款式设计等方面的突破上。

二、实木地板

实木地板是一种重要的地面铺装材料，由鲁班发明。它利用了木材本身坚硬、美观、保温等优点；但因为加工工艺相对来说较为简单，所以对铺装及保养的要求均较高，属于高档地材。

1.实木地板的基本常识

① 简介

实木地板又名原木地板，是天然木材经烘干、加工后制成的地面装饰建材。它具有木材自然生长的纹理，色泽天然，给人柔和、亲切的感觉，脚感舒适，使用安全。制作实木地板选用的木材树种要纹理美观，材质软硬适度，尺寸稳定性和加工性都较好。

实木地板具有极具自然感且多变的纹理，能够为室内增添强烈的自然感，与北欧风格善用自然材质的特点相符，用其铺设地面，同时搭配木质吊顶，温馨又简洁

② 特性

装饰效果好。色泽多样而自然，纹路清晰、多变且富有立体感，自然感浓郁。

调节湿度。可通过吸收和释放水分，达到调节室内温度、湿度的效果。

冬暖夏凉。热导系数小，具有冬暖夏凉的功效，保温效果非常好。

绿色无害。用材取自原木，使用无挥发性的耐磨油漆涂装，是天然无害的地面建材。

有益健康。可释放对人体有益的负离子等；软硬适中，可免除老人、小孩摔伤的危险。

物理性能好。吸音、隔音，耐污、耐腐蚀，耐燃、耐热，抗冲击。

③ 分类、特点及适用范围

实木地板使用的树种不同，特点也不同，较为常见的实木地板包括番龙眼、橡木、柚木、二翅豆、白蜡木、枫木、圆盘豆、桦木、重蚁木、香脂木豆、小叶相思木、印茄木、桃花芯木、黑胡桃木等。

实木地板的分类、特点及适用范围

名称	例图	特点	适用范围
番龙眼		木材具有金色光泽，纹理直，径面略具交错纹理 结构细致、均匀，重量及强度中等，硬度中等至略硬 油漆、胶粘性好，不易翘裂，耐腐及抗虫性强 不能用于地暖，因为有可能变形或开裂	地面、局部墙面
橡木		具有比较鲜明的山形木纹，表面有着良好的质感 韧性极好，质地坚实，稳定性相对较好 结构牢固，使用年限长 水分脱净比较难，因此容易开裂、变形	地面、局部墙面
柚木		含油量高，因此能防潮、防虫、防蚁，耐腐， 稳定性好，香味对人的脑神经系统有益 板面的色泽鲜活持久，颜色会随时间的延长而更加美丽 是比较珍贵且稀有的木材	地面、局部墙面
二翅豆		纹理犹如龙身凤尾，因而俗称龙凤檀 木质坚硬，有清晰盘绕的独特纹理，似龙似凤，千姿百态，色泽沉稳，高贵典雅，颜色偏红 稳定性差，容易变形，花纹大，有色差 密度较高，材质较硬，两端容易出现暗裂	地面

名称	例图	特点	适用范围
白蜡木		主要呈奶白色以及淡粉色 色泽淡雅，纹理夸张绚丽 质感好，美观、个性、富有艺术气息 触感柔和，即使在冬天也不会令人觉得冰冷 密度较低，硬度差，耐磨度差，需特别注重保养	地面、局部墙面
枫木		纹理美丽多变、细腻，具有安静高雅的效果 韧性佳，软硬适中，但不耐磨，不适用于对耐磨性要求高的场所 颜色比较浅，不耐脏，需精心打理	地面、局部墙面
圆盘豆		颜色比较深，质地比较坚硬，抗击打能力很强 木种颜色比较深，边材和心材颜色差异很大，所以地板存在较大色差 分量重，密度大，所以脚感较硬，不适合老人和儿童	地面
桦木		黄白色略带褐色，颜色浅淡 表面光滑，纹路清晰 木身纯细，略重且硬，结构细，富有弹性 吸湿性强，易开裂	地面、局部墙面
重蚁木		色泽高雅，时间越长，颜色、木纹会越变越深 暖色赤红感觉，可装潢出高贵感觉 硬度低，强度中等，耐冲击，载荷大 稳定性好，耐久性高	地面
香脂木豆		黑色夹有灰褐或浅红的浅色条纹 有光泽、耐腐、无特殊气味 耐磨，不变形，含油性高，不易开裂 纹理直，结构细而均匀 强度极高，干缩率小	地面

名称	例图	特点	适用范围
小叶相思木		木材细腻、密度高 呈黑褐色或巧克力色 结构均匀，强度及抗冲击韧性好，耐腐 具有独特的自然纹理，高贵典雅 稳定性好、韧性强、耐腐蚀、缩水率小	地面
印茄木		结构略粗，纹理交错 质地重、硬、坚韧，稳定性能佳 花纹美观 芯材甚耐久，耐磨性能好	地面
桃花芯木		木质坚硬、轻巧，易加工 色泽温润、大气 木花纹绚丽、变化丰富 密度中等，稳定性好 尺寸稳定、干缩率小，强度适中	地面
黑胡桃木		呈浅黑褐色且带紫色，色泽较暗 结构均匀，稳定性好 容易加工，强度大、结构细 耐腐、耐磨，干缩性小	地面、局部墙面

4 常用参数

实木地板的常用参数包括含水率、漆板表面耐磨、漆膜硬度等，具体参考下表。

实木地板的常用参数

名称	常用参数
含水率	7% ~ 13%
漆板表面耐磨	≤ 0.08g/100r，且漆膜未磨透
漆膜硬度	≥ 2H

注：上表中的参数为部分实木地板产品的平均值，不同的产品数值会略有不同。

2. 实木地板的施工流程及施工工艺

实木地板对防潮性要求较高，为了保证脚感舒适，多以龙骨为基层进行铺设。龙骨铺设又可分为龙骨铺设法和毛地板龙骨铺设法两种施工方式。

① 实木地板龙骨铺设法施工

第一步：基层处理

先将基层清扫干净，并用水泥砂浆找平。基层应干燥且做防腐处理（铺沥青油毡或防潮粉）。预埋件的位置、数量、牢固性要达到设计标准。

第二步：地面弹线

根据地板铺设方向和长度，弹出龙骨铺设位置。每块地板至少搁在 3 条龙骨上，间距一般不大于350mm。

第三步：木龙骨固定、找平

木龙骨需提前加工成梯形。用电锤钻孔，用膨胀螺栓、角码固定木龙骨或采用预埋在楼板内的钢筋（铁丝）绑牢。当地面高度差过大时，应用垫木找平，用射钉把垫木固定于混凝土基层，再用铁丝将木龙骨固定在垫木上。铺设后的木龙骨需进行全面的平直度拉线和牢固性检查，检测合格后方可铺设地板。

第四步：铺设实木地板

地板面层一般是错位铺设，在墙面一侧留出8～10mm 的缝隙后，铺设第一排木地板，地板凸角外，用螺纹钉、铁钉把地板固定于木龙骨上，然后逐块排紧钉牢。每块地板凡接触木龙骨的部位，必须用气枪钉、螺纹钉或普通钉钉入，以45°～60°斜向钉入，钉子的长度不得小于25mm。

第五步：安装踢脚线

踢脚线的厚度应大于15mm，安装时地板伸缩缝间隙在5～12mm 内，应填充聚苯板或弹性体，以防地板松动。踢脚线需把伸缩缝盖住。实木踢脚线在靠墙的背面应开通风槽并作防腐处理，通风槽深度不宜小于5mm，宽度不宜小于30mm，或符合设计要求。踢脚线要用明钉钉牢在防腐木块上，钉帽应砸扁冲入板面内，无明显钉眼，踢脚线应垂直，上口呈水平。

第六步：打蜡、清理

打蜡需用地板蜡，以增加地板的光洁度。打蜡时均匀喷涂 1～2 遍，稍干后用净布擦拭，直至表面光滑、光亮。面积较大时用机械打蜡。最后，清理木地板面、交付验收使用。

/ 实木地板龙骨铺设法施工注意事项 /

龙骨应选用握钉力较强的落叶松、柳安等；铺设应平整牢固。

龙骨间、龙骨与墙或其他地材间均应留出 5～10mm 间距，龙骨端头应钉实。

若地面下有水管或地面采暖等设施，一般可采用悬浮铺设法，如果必须采用龙骨铺设，可采用塑钢、铝合金龙骨等，或改用粘结剂黏结短木龙骨。

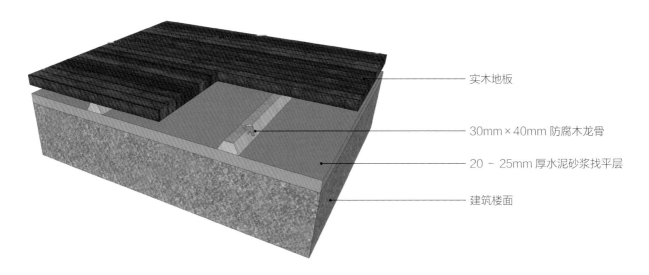

实木地板

30mm×40mm 防腐木龙骨

20 ～ 25mm 厚水泥砂浆找平层

建筑楼面

实木地板龙骨铺设法施工三维示意图

采用龙骨铺设法铺设的实木地板，因为底部为架空结构，能够避免地板因直接接触地面而受潮气侵蚀，所以使用寿命得以延长

② 实木地板毛地板龙骨铺设法施工

第一步：基层处理

先将基层清扫干净，并用水泥砂浆找平。基层应干燥且做防腐处理（铺沥青油毡或防潮粉）。预埋件的位置、数量、牢固性要达到设计标准。

第二步：地面弹线

根据地板铺设方向和长度，弹出龙骨铺设位置。每块地板至少搁在 3 条龙骨上，间距一般不大于350mm。

第三步：固定木龙骨、找平

除了实木地板龙骨铺设法施工第三步的固定方法外，还可用长钉将木龙骨固定在地面预埋的木楔上。注意龙骨之间要加横撑，横撑中距依现场及设计而定，与格栅垂直相交并用铁钉钉固，要求不松动。铺设后的木龙骨需进行全面的平直度拉线和牢固性检查，检测合格后方可铺设毛地板层及防水卷材。

第四步：铺装毛地板层及防水卷材

毛地板可采用较窄的松、杉木板条、夹板，或按设计要求选用，毛地板的表面应刨平。毛地板与木龙骨成30°或45°角斜向铺钉。毛地板钉铺完后，应弹方格网线找平，边刨边用直尺检测，直至平整度符合要求后方可继续施工。为防止使用中发生响声和受潮气侵蚀，可在毛地板上干铺一层防水卷材。

第五步：铺设实木地板

铺设时应从距门较近的墙一边开始，靠墙的一块板应与墙面间预留 10 ～ 20mm 缝隙，用木楔钉紧。以后逐块排紧，用地板钉从板侧斜向钉入，钉帽要砸扁冲入地板表面 2mm，板端接缝应错开。

第六步：安装踢脚线

实木地板安装完毕后，静放 2h 后方可拆除木楔子，并安装踢脚线。

第七步：打蜡、清理

打蜡需用地板蜡，以增加地板的光洁度。打蜡时均匀喷涂 1 ～ 2 遍，稍干后用净布擦拭，直至表面光滑、光亮。面积较大时用机械打蜡。最后，清理木地板面、交付验收使用。

/ 实木地板毛地板龙骨铺设法施工验收要点 /

实木地板面层所采用的材质和铺设时的木材含水率必须符合设计要求。木龙骨、垫木和毛地板等必须做防腐、防蛀处理。木龙骨安装应牢固、平直，其间距和稳固方法必须符合设计要求。

面层铺设应牢固。木板和拼花板面层无刨痕戗碴和毛刺等现象，图案清晰美观。

面层缝隙应严密；接头位置应错开、表面洁净。接缝应对齐，粘、钉严密；缝隙宽度均匀一致。

踢脚线表面应光滑，接缝严密，高度一致。

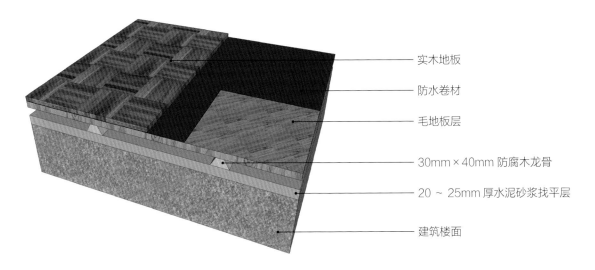

实木地板

防水卷材

毛地板层

30mm×40mm 防腐木龙骨

20～25mm 厚水泥砂浆找平层

建筑楼面

实木地板毛地板龙骨铺设法施工三维示意图

实木地板采用毛地板龙骨铺设法铺设，能够增强防潮能力，且脚感舒适、柔软，但是成本较高，比较适合地面平整度差、地面湿度较大或小面积空间

3. 实木地板与地砖结合的装饰效果与施工方法

实木地板是比较娇贵的一种地材，为了适应室内不同区域的使用特性（如潮湿区域）或为了更美观，常用地砖来搭配实木地板。两者的样式和种类都非常多样化，所以这种结合方式适合各种风格的室内空间。

1 施工流程

基层处理→涂刷界面剂→做找平层→水泥砂浆做黏结层→铺贴地砖→固定木龙骨→安装多层板→安装 U 形槽→铺设实木地板→完成面处理。

2 注意事项

两者结合铺设时，因为基层做法不同，所以需提前计算好高度差，才能够实现平接。地砖和实木地板中间多使用 U 形槽作为过渡。U 形槽主要是对木地板进行固定，防止木地板出现翘起等情况，这种做法适用于大部分室内空间。

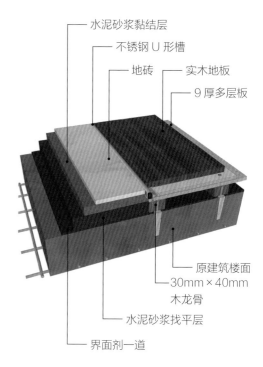

水泥砂浆黏结层
不锈钢 U 形槽
地砖
实木地板
9 厚多层板
原建筑楼面
30mm × 40mm 木龙骨
水泥砂浆找平层
界面剂一道

实木地板与地砖结合铺设法施工三维示意图

厨房和餐厅共用一个空间，且为开放式设计，客厅部分铺设了实木地板，为了便于打理，餐厨一侧使用了地砖，两者之间用不锈钢槽做衔接和过渡，可为两种地材提供一定的伸缩余地，避免地板翘起

地毯、实木地板和地砖三者组合铺设，使大面积空间的地面呈现出丰富的层次感，避免产生空旷感和单调感

4.实木地板与地毯结合的装饰效果与施工方法

实木地板和地毯的组合适合人流较少或较为高端的一些室内场所，如家居空间、会所、高级宾馆等。两者都属于脚感较为舒适的地材，且能够增加高级感。两者结合铺设时需注意色彩的协调感。

① 施工流程

基层处理→涂刷界面剂→做找平层→铺设衬垫→铺设地毯→铺设防潮层→固定弹性垫层→固定木龙骨→安装隔声绝缘材料→固定多层板→铺设实木地板→完成面处理。

② 注意事项

两者结合铺设施工时，所有的木质建材在安装前必须涂刷三遍防火涂料，做防火处理后再使用。实木地板部分采用 U 形不锈钢收边条过渡，其可将实木木地板的边缘全面地包裹住，能够更加有效地防止翘起；地毯端头下方使用倒刺板条固定。

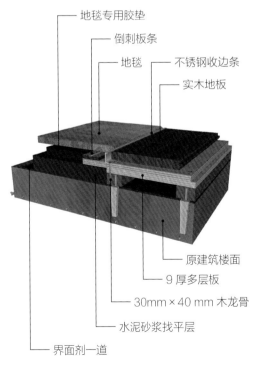

地毯专用胶垫
倒刺板条
地毯
不锈钢收边条
实木地板
原建筑楼面
9 厚多层板
30mm×40 mm 木龙骨
水泥砂浆找平层
界面剂一道

实木地板与地毯结合铺设施工法施工三维示意图

5. 实木地板与石材结合的装饰效果与施工方法

实木木地板与石材都是室内十分常见的装饰建材，两者结合的装饰形式适用范围十分广泛，除潮湿区域外，大部分场所均可采用。两者的纹理都十分自然、多变，所以设计时需特别注意搭配的协调性。

① 施工流程

基层处理→弹线→做找平层→水泥砂浆做黏结层→铺贴石材→安装木龙骨（方法三省略）→安装多层板（方法三省略）→铺设地板专用脚垫（方法一、方法二省略）→安装木地板→完成面处理。

② 注意事项

两者平接结合时，需提前计算好高差，避免面层的高度有落差而影响美观，通常，需先铺石材再进行实木地板部分的安装。过渡处有三种做法：第一种是不使用任何过渡线条，在两者相接的位置可直接做留缝处理，而后用填缝剂进行美缝处理；第二种是使用不锈钢收边条进行过渡，为求美观，收边条可选择与实木地板同色的木纹印花款式；第三种是搭接处理法，将石材和实木地板分别处理成阶梯状，而后搭接。

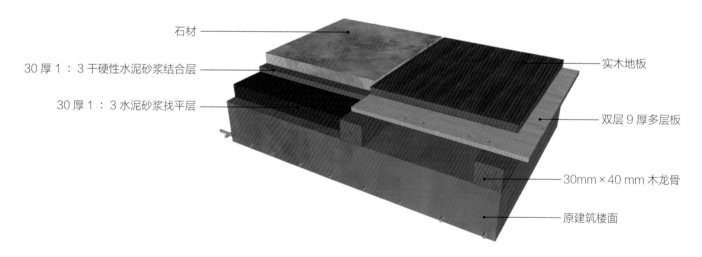

实木地板与石材（留缝）结合铺设法施工三维示意图

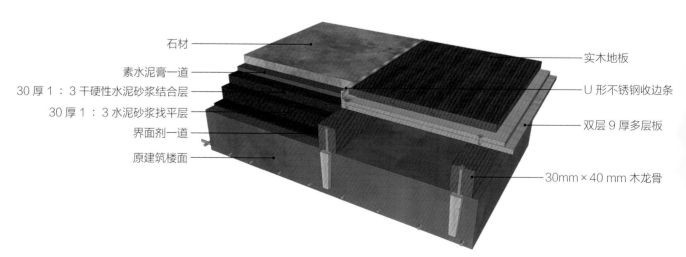

实木地板与石材（U形收边条）结合铺设法施工三维示意图

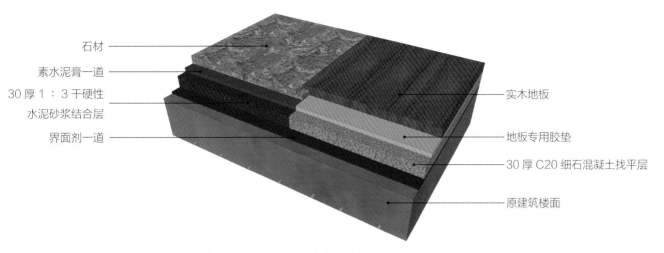

石材
素水泥膏一道
30 厚 1：3 干硬性
水泥砂浆结合层
界面剂一道

实木地板
地板专用胶垫
30 厚 C20 细石混凝土找平层
原建筑楼面

实木地板与石材（搭接式）结合铺设法施工三维示意图

实木地板和大理石之间采用了搭接式的结合方式，从面层上看不到明显的衔接痕迹，过渡非常自然

三、复合木地板

实木地板只有一层结构，而复合木地板则由多层结构组成，不同的结构有不同的作用，所以其性能更全面，因为复合木地板多使用复合或人造材料，材料来源更广泛，所以价格也更低。

1. 复合木地板的基本常识

① 简介

复合木地板在制作时都有一部分结构采用的是打散后的木材组织，原木湿胀干缩的特性被破坏，因此，尺寸更稳定，适用范围更加广泛，保养更简单，近年来，其市场占有率不断增高。

② 分类、特点及适用范围

复合木地板在市场上泛指实木复合地板和强化地板，它们的性能略有区别。

复合木地板的分类、特点及适用范围

名称	特点	适用范围
实木复合地板	保留了实木地板木纹优美、自然的特性，且脚感舒适 具有良好的吸音性能和耐冲击性能，质量稳定，不容易损坏，打理简单 不必打龙骨，找平即可安装，比实木地板占用的高度小	地面、局部墙面
强化地板	纹理的制作完全由人工印刷，基材使用速生木材，成本低，性价比高 表面有三氧化二铝耐磨层，能达到很高的硬度 耐污染、抗腐蚀、抗压、防火性及抗冲击性能皆优于其他类型的地板	地面、局部墙面

③ 常用参数

复合木地板的常用参数包括含水率、密度、耐磨转数等，具体参考下表。

复合木地板的常用参数

名称	常用参数
含水率	＜3%
密度	＜0.82～0.96g/cm³
耐磨转数	＞6000转（家庭）；＞9000转（公共或商用场所）

注：上表中的参数为部分复合木地板产品的平均值，不同类型、不同厂家生产的产品数值会略有不同。

复合木地板的厚度小于实木地板，且铺设时可以不架设龙骨，能够节省室内的纵向空间，所以低层高的室内空间更适合铺设复合木地板

若喜欢实木地板的自然感，可以选择实木复合地板来铺设地面，其效果与实木地板接近，厚度更薄，也更易打理和保养

2. 复合木地板的施工流程及施工工艺

　　复合木地板也可采用实木地板的铺设方式进行铺设，但是因为复合木地板的性能有所改进，为了追求更薄的地面厚度，多采用悬浮式铺设法。如果房间有水地暖，铺设方式则略有不同。

① 复合木地板悬浮式铺设法施工

第一步：基层处理

　　清理楼板上的杂物以及灰尘，修整边、角及地面突起或不平的部位。处理完的基层应"净""干""稳""平"。

第二步：找平层施工

　　地面的水平误差不能超过 2mm，否则就需要做找平层进行找平。如果地面不平整，不仅会导致地板铺设不平整，还会有异响，严重影响复合木地板的铺设质量。

第三步：铺设防潮层

　　根据情况，地面可仅铺一层防潮膜，或者铺设一层防潮膜加一层防潮地垫。防潮膜要铺设平直，接缝处重叠 300mm，用宽胶带密封并压实。而后铺设地垫，地垫厚度不能低于 2mm，地垫接缝不能重叠，接口处用宽胶带密封并压实。

第四步：预铺分选

　　铺装前将地板全部拆开，对地板进行预铺分选，按深、浅颜色分开，还需要提前和客户沟通铺装方案。包装箱端头标有红色小圆点的，内有短板，铺装时首先使用，短板用完后再切割长板。

第五步：铺设复合木地板

　　从墙的一侧开始铺贴，复合木地板按照设计要求的方向铺贴，没有设计要求的按顺光的方向铺贴，靠墙的一块应离开墙 8 ~ 10mm 左右，再逐块紧排。实木复合木地板的接头，应按设计要求留置，铺设时应从房间的内侧推着向外铺。

第六步：安装踢脚线

　　安装前，先按设计标高将控制线弹到墙面，使木踢脚线上口与标高控制线重合。木踢脚线与地面转角处安装木压条或安装圆角成品木条。木踢脚线接缝处应做成陪榫或斜坡压槎，在 90° 转角处做成 45° 斜角接槎。安装时，木踢脚线要与墙立面贴紧，上口要平直，钉接要牢固，用气动打钉枪直接钉在木楔上。

第七步：安装压条

　　压条是最后一道工序，地板和踢脚线均铺设完毕以后才可施工。

第八步：清理

　　地板全部铺设完成后，用干净的抹布清理地板，使地板面层呈现出干净、整洁的状态。

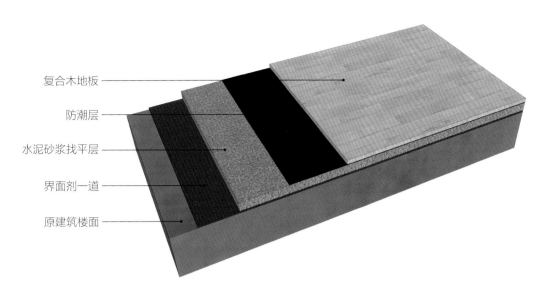

复合木地板 ————

防潮层 ————

水泥砂浆找平层 ————

界面剂一道 ————

原建筑楼面 ————

复合木地板悬浮式铺设法施工三维示意图

悬浮铺设法施工较为便捷，所以施工速度很快，很适合大面积空间整体铺设，这样更具大气感和统一感

② 水地暖地面的复合木地板施工

第一步：基层处理

清理楼板上的杂物以及灰尘，修整边、角及地面突起或不平的部位。处理完的基层应"净""干""稳""平"。

第二步：水泥自流平施工

倒自流平水泥时，流出约500mm宽范围后，由手持长杆齿形刮板、脚穿钉鞋的操作工人在自流平水泥表面轻缓地进行第一遍梳理，导出自流平水泥内部气泡并辅助流平。当自流平流出约1000mm宽时，由手持长杆针形辊筒、脚穿钉鞋的操作工人在自流平水泥表面轻缓地进行第二遍梳理和滚压，提高自流平水泥的密实度。

第三步：水泥自流平养护

施工完成后需要及时对成品进行养护，必须封闭现场24h。在这段时间内需要避免行走或者出现冲击等情况，从而保证地面的质量不受到影响。

第四步：铺设防潮层

根据情况，地面可仅铺一层防潮膜，或者铺设一层防潮膜加一层防潮地垫。防潮膜要铺设平直，接缝处重叠300mm，用宽胶带密封并压实。而后铺设地垫，地垫厚度不能低于2mm，地垫间不能重叠，接口处用宽胶带密封并压实。

第五步：铺设复合木地板

从墙的一侧开始铺贴，复合木地板按照设计要求方向铺贴，没有设计要求的按顺光的方向铺贴，靠墙的一块应离开墙8~10mm左右，再逐块紧排。实木复合木地板的接头，应按设计要求留置，铺设时应从房间的内侧推着向外铺。

第六步：安装踢脚线、压条

参考210页第六步及第七步，分别安装踢脚线和压条。

第七步：清理

地板全部铺设完成后，用干净的抹布清理地板，使地板面层呈现出干净、整洁的状态。

/ 水地暖地面的复合木地板施工验收要点 /

面层所采用的复合木地板条材和块材、技术等级和质量要求应符合设计要求。

复合木地板面层的纹理和颜色应符合设计要求。面层无翘曲、无裂纹。

复合木地板面层铺设牢固；无空鼓问题，走动时无响声。

复合木地板面层的接头位置应错开，缝隙严密，表面洁净。

踢脚线表面应光滑，接缝严密，高度一致。

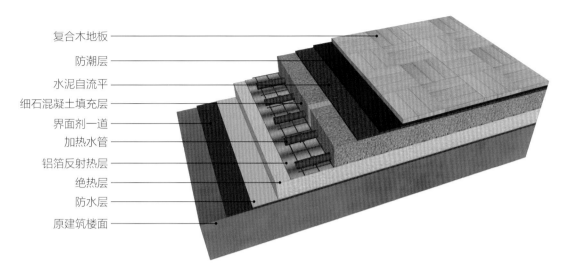

复合木地板
防潮层
水泥自流平
细石混凝土填充层
界面剂一道
加热水管
铝箔反射热层
绝热层
防水层
原建筑楼面

水地暖地面的复合木地板施工三维示意图

水地暖地面的特点是热量较高，所以更适合选择强化地板进行铺设，又因对地面平整度要求较高，所以常用自流平进行找平处理

3. 复合木地板与地砖门槛石结合的装饰效果与施工方法

复合木地板与地砖的结合除了可以如前面介绍的直接相接外，如果两种建材分别用在不同的空间中，如分别用在卧室和卫生间，或分别用在走廊和卫生间，此时就可以使用门槛石来做衔接，这样能够让复合木地板与地砖的结合看起来更自然、美观，同时可避免复合木地板部分受潮。

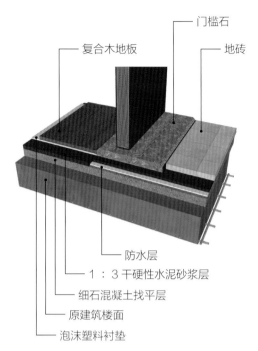

① 施工流程

基层处理→做找平层→做防水→做防水保护层→铺设地砖和门槛石→做找平→干硬性水泥砂浆层→铺设复合木地板防潮衬垫→铺设复合木地板→完成面清洁。

② 注意事项

两者结合时，在铺设前，对门槛石的石材进行倒斜边加工，然后再安装。

复合木地板与地砖门槛石结合法施工三维示意图

因卫浴间内潮湿，所以地面选择铺设地砖，而卧室内为了舒适则铺装地板，两者之间用门槛石做过渡，可使不同地面材质的衔接更具节奏感

复合木地板和地砖的中间以玻璃作为过渡，下藏灯带，因为较窄，所以不开灯时不会过于突出，而开灯后即可让地面有了丰富的光影感

4.复合木地板与玻璃结合的装饰效果与施工方法

用复合木地板与玻璃结合，很适合追求现代感和时尚感的室内空间。一般地面玻璃下方都会设置灯带，作为辅助光源，这样既不会导致眩光，又能保证光线充足，非常适用于室内要求光影效果的区域。

① 施工流程

基层处理→涂刷界面剂→做找平层→做防水→做防水保护层→铺设消音垫→安装木地板→固定防火夹板→安装钢化夹胶玻璃→完成面处理。

② 注意事项

两者结合施工时，复合木地板建议选择企口板。地板与玻璃之间自然留缝处理即可，缝隙处可以使用弹性填缝剂填充。玻璃需选择具有一定刚度的安全玻璃，切要注意面积不宜过大，以避免受到踩踏压力后发生危险。

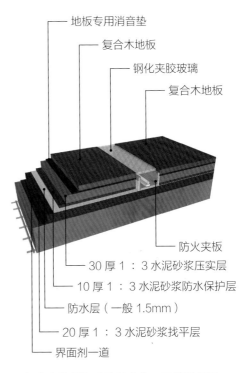

- 地板专用消音垫
- 复合木地板
- 钢化夹胶玻璃
- 复合木地板
- 防火夹板
- 30厚1：3水泥砂浆压实层
- 10厚1：3水泥砂浆防水保护层
- 防水层（一般1.5mm）
- 20厚1：3水泥砂浆找平层
- 界面剂一道

复合木地板与玻璃结合施工三维示意图

四、软性地板

木质类地板多成条状或块状，底部是硬挺的。与之相对，软性地板是可弯曲或可折叠的软性材质，与木地板厚度更薄，但有较好的弹性。

1. 软性地板的基本常识

1 简介

软性地板属于轻体地面装饰建材，铺装此类地板不会给建筑增加负担，且相对来说，施工较为简单、快速。若采取焊接方式施工，则可实现无缝拼接，无论是家居空间还是公共场所都适合使用软性地板来装饰地面。其中的亚麻地板，色彩丰富，除了铺装地面外，还可用于墙面、柱面。

办公空间的地面采用多彩的亚麻地板进行铺设，营造了活跃的、开朗的气氛，可以缓解办公过程中产生的疲劳感，起到提神的功效，同时也让整体装饰更个性

② 分类、特点及适用范围

室内较为常用的软性地板有 PVC 地板和亚麻地板，它们的特点及适用范围如下表所示。

软性地板的分类、特点及适用范围

名称	例图	特点	适用范围
PVC 地板		花色品种繁多，纹路逼真美观，色彩丰富绚丽 厚度薄、重量轻，是唯一可再生的地材 具有较强的耐酸碱、耐腐蚀性能，弹性佳，脚感舒适 本身不会燃烧并且能阻止燃烧 不怕水，不会因为潮湿而霉变；导热性能良好	地面
亚麻地板		色彩、纹理多样，且柔和、不刺眼，可拼花、配色或定做各种复杂的图案 具有天然的防菌、抗菌功能，且不易吸附灰尘 弹性极佳，抗静电、抗压，耐污、耐磨 可卷边上墙，无卫生死角，极易清洁、打理	地面、局部墙面

③ 常用参数

软性地板的类型不同，常用参数略有差别，具体参考下表。

软性地板的常用参数

类别	名称	常用参数
PVC 地板	密度	1380kg/cm³
	杨氏弹性模量	2900 ~ 3400MPa
	抗拉强度	50 ~ 80MPa
	熔点	212℃
	导热率	0.16W（m·K）
	吸水率	0.04 ~ 0.4
亚麻地板	材质质量	3kg/m²
	燃烧等级	B1
	防滑等级	R9

注：上表中的参数为部分软性地板产品的平均值，不同类型、不同厂家生产的产品数值会略有不同。

2. 软性地板的施工流程及施工工艺

软性地板的质地较柔软，为了使其更贴合地面，多采用胶粘法进行施工。

第一步：基层处理

打磨初始地面，有明显的凹凸应重点打磨，打磨后地面高差应小于 2mm。打磨后的地面应平整、干燥、坚硬光滑。

第二步：涂刷界面剂

将水性界面剂搅拌后均匀滚涂在清扫干净的地面上，如发现局部发白、漏涂，可局部再滚涂一次，以确保底涂封闭、无遗漏。

第三步：细石混凝土找平层

若找平层的厚度不小于 30mm，应采用细石混凝土找平，并加双向钢丝网，用来防止开裂，每 2 米的长度，其检查平整度偏差应不大于 3mm。

第四步：自流平层施工

将自流平摊铺于处理完毕的地面上，使用刮齿、刮板进行刮赶，平均厚度约 3mm，如发现低洼处，应立即补充砂浆，并压平。而后使用针式放气辊筒进行反复滚压，排除气泡。在铺设亚麻之前用打磨机对自流平地面进行精细打磨。

第五步：专用胶粘贴

在上胶前，地面基层必须清洁干净。水溶性胶水需满涂地面基层，使用齿型刮刀来控制胶水的用量。

第六步：铺设软性地板

地板裁切后需在施工现场预铺至少 4 个小时，以恢复地板记忆性，使温度与施工现场保持一致。按同一方向铺设卷材，如有轻微色差可反转地板再铺设。缝隙处理可采取重叠搭接，而后将重叠部分割掉再与基层黏结；也可采用焊接方式进行处理。

/ 软性地板施工验收要点 /

所使用的软性地板，其等级、种类、规格等应符合国家的标准规定。

软性地板的色彩、纹理、图案拼接等，应与设计方案相符。地板表面应纹理清晰、色泽一致。

同一房间内使用的软性地板，必须为同一批号产品，且卷号相差应在 ±10 范围内。

需对纹拼接的软性地板，拼接后应无错位现象。地板表面应整洁、干净，无划痕、无损伤。

地板面层和基层的黏结要牢固，应不翘边，脱胶面积不能超过 5%。

软性地板的接缝处应严密无空隙，底胶或冷焊剂无外溢。

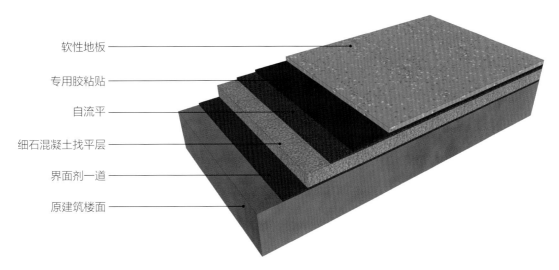

软性地板

专用胶粘贴

自流平

细石混凝土找平层

界面剂一道

原建筑楼面

软性地板施工三维示意图

采用胶粘法施工的软性地板，可以很好地与地面贴合，所以可以任意切割图形进行拼合，为地面带来多样的色彩和不同的纹理

3. 软性地板与地砖结合的装饰效果与施工方法

软性地板虽然有一定的耐潮湿性能，但并不适合铺设在潮湿区域，将其与地砖结合设计，可以满足室内不同区域的使用功能，并且能够利用两部分不同的质感，进行区域的划分和导引。

① 施工流程

基层找平→暗埋木楔（实木安装位置）→放线→固定夹板→文化石黏结→文化石勾缝处理→实木安装→实木涂饰（若无须涂饰可去除此步骤）→清洁。

② 注意事项

两者结合施工时，先将地砖安装完成，再根据地砖的完成面厚度来确定软质地板基层的找平厚度。在裁切与地砖交接的软性地板时，要用手充分压紧材料，并与地砖保留一定的距离，预留出嵌缝条能覆盖的位置。

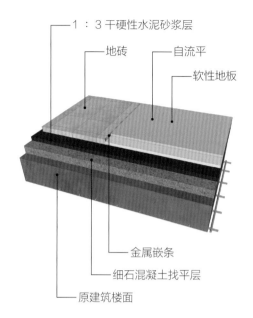

1：3干硬性水泥砂浆层
地砖
自流平
软性地板
金属嵌条
细石混凝土找平层
原建筑楼面

软性地板与地砖结合施工三维示意图

软性地板与地砖分别用在不同的区域，不同的色彩及质感起到了在视觉上划分空间区域的作用

第八章

水泥及石膏建材

在人们的传统印象中，水泥和石膏建材用途是比较单一的，例如，水泥多用来砌筑或用于农村自建房的地面铺设，而石膏则多用来吊顶或制作隔墙。实际上，随着技术的不断发展，水泥和石膏建材的用途越来越广泛，为室内装饰带来了新的设计思路。本章详细介绍了各类水泥及石膏建材的性能、特点、适用范围、常用参数、施工要点、验收及与其他建材混搭施工等多方面的知识，有助于读者全方位地了解这两种建材。

一、概述

水泥和石膏在现代建筑装饰中的运用已经有了相当久远的历史，近年来，新技术的不断开发，使得它们的种类越来越丰富，使用范围也在不断扩大，成为装饰建材中较为常用的一类。

1.水泥及石膏的分类及性能

室内装饰工程中所使用的水泥建材，有需要调和成浆体后再使用的粉末状，也有水泥制品；而室内所使用的石膏建材则多为石膏制品。水泥和石膏建材的原料虽然都属于胶凝材料，但它们的性能却没有什么共同点，需单独分析。

1 水泥建材

室内装饰工程中所使用的水泥，包括需要调和的水泥（粉状）和水泥制品两大类。它们的性能略有不同，水泥板的性能后面有详细的介绍，这里不再赘述，下面主要介绍水泥（粉状）的主要性能。

水泥的主要性能

水泥是使用率极高的一种建筑材料，其种类较多，室内用来饰面的水泥常用的有普通硅酸盐水泥、矿渣硅酸盐水泥和复合硅酸盐水泥。

普通硅酸盐水泥是将硅酸盐水泥熟料、6%～15%的混合材料、适量石膏磨细制成的水硬性胶凝材料。普通硅酸盐水泥水化反应速度快，早期和后期强度增长都比较快。水化热较大，有利于冬季施工。结构密实，抗冻性好，硬化时干缩率小，不易产生干缩裂缝，表面不易起粉，耐磨性较好。

矿渣硅酸盐水泥是将硅酸盐水泥熟料、粒化高炉矿渣和适量石膏磨细制成的水硬性胶凝材料。矿渣硅酸盐水泥水化反应速度慢，早期和低温环境下强度增长较慢，后期增长速度较快。水

水泥建材的种类多样，可以涂抹施工，也可制成板材安装施工

化热较低，抗腐蚀性、耐热性较好，但干缩变形大，析水性强，耐磨性差。

复合硅酸盐水泥是将硅酸盐水泥熟料、两种或两种以

上规定的混合材料、适量石膏磨细制成的水硬性胶凝材料。复合硅酸盐水泥凝结硬化快，强度高，早期强度增长率大。抗冻性好，抗碳化能力强，干缩率小，耐磨性好，但耐腐蚀性、耐热性差，湿热养护效果差。

② 石膏建材

现今的石膏，不再是简单的胶凝建材，它还是很多新型建材的原料。在室内装饰领域，常用的石膏建材有石膏板、石膏线条及 GRG 等，其中以 GRG 为代表的新型石膏建材，在一些异形、曲线及以一体化设计为主的空间中有着不可代替的使用优势。

石膏的主要性能

石膏建材产品具有环保、高强、轻质、防火、隔音、保温、造型可塑性强、无放射性等多种优良性能。石膏制品易于加工，施工采用干作业，因此施工快速、整洁。

石膏板常用于吊顶装饰工程中，其质轻、易加工、施工快速，无论是住宅还是公共场所均适用

水泥逐渐摆脱了人们固有印象中呆板、无趣的装饰感，其表面纹理及建材种类不断增多，对室内环境的个性塑造起到了重要的作用

2.水泥及石膏的运用趋势

建筑所用的水泥和石膏很早就已运用在室内环境的装饰工程中，但一开始的适用范围较窄，如今，随着产品开发及技术运用的不断升级，它们已经成为具有艺术美感的一类特殊建材。

① 水泥的运用趋势

一开始，人们在进行室内装饰时，都喜欢把原有的建筑面层遮盖起来，而现在，很多人喜欢将朴实无华的建筑面层裸露出一部分，追求原始的、朴素的美感，因此，近年来，水泥类建材受到设计师的青睐。但总的来说，其运用范围还有一定的限制，所以进一步提升其装饰性，将成为主要趋势。

② 石膏的运用趋势

随着审美水平的提高，人们对个性和艺术美感的要求越来越高，传统的装饰石膏制品在使用范围上还存在一些局限。近年来，随着未来主义风格的兴起，流线、曲线的造型设计让 GRG（预铸式玻璃纤维加强石膏板）开始被广泛使用，其具有无限的造型可能性，能够充分满足设计师的设计需要，所以可以遇见的是，此类可以随意造型、可以一体化设计的石膏建材，将会成为未来一段时期内的主流建材。

二、水泥

近年来，工业风成为一种很受年轻人群喜爱的室内装饰风格，这也使得水泥这种建材水涨船高，成为室内装饰建材的主流。在室内环境中，水泥可以装饰顶面、墙面，但更多的是用来装饰地面。

1. 水泥的基本常识

1 简介

水泥的原始状态为粉状，需要调和成浆体再使用。当水泥作为饰面建材使用时，根据施工方式的不同，会添加不同辅料，使其具有不同的作用，但是，装饰层上都会有水泥独有的个性感。水泥饰面的用途广泛，无论是家居环境还是各种公共场所均适用，且适合多种室内风格，如工业风、新中式风格、现代风格等。

2 特性

绿色环保。原料构成简单，不存在对人体有害的物质。

效果独特。水泥饰面以各种灰色为主，粗犷、原始又具有艺术感，效果独特而个性。

施工简单、快速。铺设其他地材时，需要做找平处理，若直接使用水泥地坪，则省去了后续步骤。其中，自流平施工特别快速，5 小时左右即可投入使用。

养护较困难。大部分水泥饰面都有一些显著的缺点，且养护期的养护非常关键，否则容易开裂。

水泥用于地面装饰能够实现无缝施工，使整体空间显得简洁、素雅且大气，很适合用来表现简约感

③ 分类、特点及适用范围

水泥饰面最早用于农村自建房或20世纪80年代左右老房的地面，其硬度高、价格低，但是也有很多缺点，如易起灰、易开裂、装饰性差等，所以现在很少使用。现今所用的水泥饰面，主要有以下几种。

水泥饰面的分类、特点及适用范围

名称	例图	特点	适用范围
水泥粉光		原料为水泥砂浆，共有两层，表层均匀细腻 存在开裂的可能，但裂缝比较细 使用范围较广泛	地面、墙面、顶面
水泥自流平		强度、密实度、表面均匀性、流平性、平滑性等都优于用于找平的自流平 色彩可以调和，还可拼接 完工后的地面洁净、光亮、颜色一致、坚固、耐磨、无气孔，且可进行进一步的抛光处理	地面
磐多魔		分为磐多魔地面和墙面两种类型 地面为特殊配方的自流平式水泥 能提供无限色彩的搭配 不收缩、不龟裂，耐久、耐磨 表面具有绸缎般光泽，效果可与天然石材相媲美	地面、墙面

④ 常用参数

水泥饰面的常用参数包括流动度、抗压强度、抗折强度、黏结强度、防火等级等，具体参考下表。

水泥自流平的常用参数

名称	常用参数
流动度	≥ 140mm
抗压强度	20 ~ 30MPa
抗折强度	4 ~ 6MPa
黏结强度	≥ 1.0MPa
防火等级	防火等级达到A级

注：上表中的参数为部分水泥饰面的平均值，不同类型、不同厂家生产的产品数值会略有不同。

2.水泥饰面的施工流程及施工工艺

不同类型的水泥饰面，施工方式存在较大的差别，但水泥粉光饰面现在的使用频率低于水泥自流平及磐多魔，所以下面主要介绍后两种水泥饰面的施工。

1 水泥自流平地面施工

第一步：清理基层

基础水泥地面应干净、干燥、平整。必须用打磨机打磨地基，以清除地面上的杂质、浮尘和沙粒。抛光后，扫去灰尘，用真空吸尘器吸干净。如果平整度较差，则需重新进行找平处理，再进行上述操作。

第二步：涂刷表面处理剂

清洁地面后，用水泥表面处理剂涂刷地面，建议刷两次。它能增加自流平水泥与地面的黏结力，防止自流平水泥脱壳开裂。处理剂应根据制造商的要求进行稀释。地面处理剂应用脱毛辊先水平后垂直方向均匀地涂在地面上。确保涂抹均匀，不留缝隙。

第三步：配制自流平

准备一个足够大的水桶，严格按照自流平厂家的水灰比加水，用电动搅拌机彻底搅拌自流平。搅拌分两次进行，通常第一次搅拌约5~7分钟，中间暂停2分钟使其反应，然后第一次搅拌约3分钟。彻底搅拌，不允许有结块或干粉。搅拌好的自流平水泥必须具有流动性。

第四步：浇自流平

倒自流平水泥时，观察其流出约500mm宽范围后，由手持长杆齿形刮板、脚穿钉鞋的操作工人在自流平水泥表面轻缓地进行第一遍梳理，导出自流平水泥内部气泡并辅助流平。当自流平流出约1000mm宽时，由手持长杆针形辊筒、脚穿钉鞋的操作工人在自流平水泥表面轻缓地进行第二遍梳理和滚压，提高自流平水泥的密实度。

第五步：辊筒渗入

推干的过程中会有一定的凹凸，这时就需要用辊筒将水泥压匀。如果缺少这一步，就很容易导致地面局部不平整，以及后期局部的小块翘空等问题。

第六步：完工养护

施工完成后需要及时对成品进行养护，必须封闭现场24h。在这段时间内需要避免行走或者出现冲击等情况，从而保证地面的质量不受到影响。

/ 水泥自流平地面施工注意事项 /

基层处理的好坏与水泥自流平的涂刷效果有着直接关系，要求水泥砂浆不能空壳、不能有砂粒；两米范围内高低差小于4mm；地面含水率用测试仪器测量不超过17度，水泥强度不得小于10Mpa。

表面处理剂涂刷应均匀。涂刷1~2遍，裂缝处需提前用玻璃丝布黏结。

灌浆时应使用专用刮板刮平，厚度一般为4~6mm。

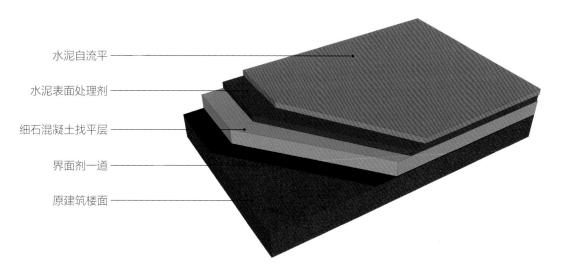

水泥自流平

水泥表面处理剂

细石混凝土找平层

界面剂一道

原建筑楼面

水泥自流平地面施工三维示意图

与传统的水泥地面相比，水泥自流平地面更加平滑。设计师同时搭配了部分水泥质感的墙面，使墙面、地面有融为一体的感觉，更具整体感，也让空间看起来更加宽敞

② 磐多魔地面施工

第一步：清理基层

　　基础水泥地面应干净、干燥、平整。必须用打磨机打磨地基，以清除地面上的杂质、浮尘和沙粒。抛光后，扫去灰尘，用真空吸尘器吸干净。如果平整度较差，则需重新进行找平处理，再进行上述操作。

第二步：涂刷表面处理剂

　　清洁地面后，用水泥表面处理剂涂刷地面，建议刷两次。它能增加自流平水泥与地面的黏结力，防止自流平水泥脱壳开裂。处理剂应根据制造商的要求进行稀释。地面处理剂应用脱毛辊先水平后垂直方向均匀地涂在地面上。确保涂抹均匀，不留缝隙。

第三步：配制自流平基层

　　磐多魔地面的原材料是特殊配方的自流平式水泥 PANDOMO K1，它是由特种水泥、高品质胶粉及精选骨料混合而成的粉末料，使用时根据说明书指导，加水充分搅拌均匀。

第四步：浇自流平

　　将 PANDOMO K1 倒在地面上，可轻易用工具铺摊开，也可采用泵送法使泥浆流在地面上。

第五步：打磨抛光

　　待自流平基层完全干燥后，即可进行打磨抛光的程序，通常需要进行四次打磨抛光。

第六步：面层施工

　　抛光程序完成后，清理地板表面，而后再涂上 Stone Oil，单次施工厚度为 5 ~ 10mm。

第七步：完工养护

　　磐多魔施工应在封闭的环境下进行，不能开门窗。施工完成后需要及时对成品进行养护，约 3 小时后可开放步行和承载负重。

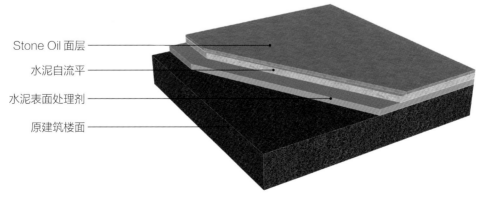

Stone Oil 面层
水泥自流平
水泥表面处理剂
原建筑楼面

磐多魔地面施工三维示意图

磐多魔的色彩多样，且表面非常光滑，十分适合大面积施工，能够一体成型，无论是追求个性的住宅还是大面积的公共场所均适用

— / 水泥饰面地面施工验收要点 / —

　　水泥饰面地面施工使用的所有材料，等级、种类等应符合国家的标准规定。

　　水泥饰面地面的表面颜色及光泽颜色符合设计要求，应均匀一致，无肉眼可见的差异。

　　水泥饰面地面的表面应平整、坚硬、密实、光洁，无油脂及其他杂质。

　　面层与下一层应结合牢固、无空鼓及裂纹。

3. 水泥自流平与复合木地板结合的装饰效果与施工方法

自流平地坪是近年来十分受人们喜爱的一种地面法，与其他地面的显著区别是其具有个性而美观的装饰效果，可以实现无缝施工。水泥自流平与复合木地板组合，能使地面层次更丰富，同时还能适应不同区域的功能需求。

💡 1 施工流程

基层处理→做找平层→干硬性水泥砂浆层→做自流平→铺设复合木地板防潮衬垫→铺设复合木地板→安装金属收边条→完成面清洁。

💡 2 注意事项

两者结合时，复合木地板和自流平之间应预留 5 ～ 10mm 的缝隙，来放置专用的活动金属收边条，以调节木地板的涨缩，起到衔接和收口的作用。

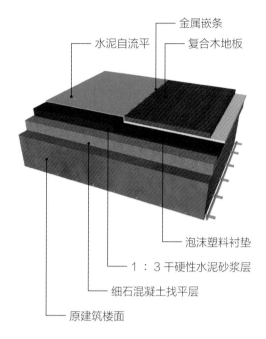

水泥自流平与复合木地板结合施工三维示意图

空间虽然是一个开敞式的整体，但是因为功能不同，所以被设计师用色彩和建材分别为两个大的不同区域，地面为了配合分区采用了水泥自流平与复合木地板结合，为了更美观，中间以较窄的金属嵌条过渡

水泥自流平和复合木地板之间除了能使用金属嵌条做衔接外，还可以使用与复合木地板同色的塑料扣条做过渡，因为色彩相同，所以即使突出地面一些高度，也不会觉得突兀

地面以水泥自流平为主，搭配白色的顶面和墙面，给人一种高科技且简洁的感觉，但略显单调，复合地板的使用，则缓和了这一感觉，增添了一些温馨，但并不会影响整体环境带给人专业、高效的感觉

三、水泥板

水泥板为水泥制品，具有与水泥完成面基本相同的外观和色彩，但其为板材形态，多用于装饰墙面。与浆态的水泥建材相比，在装饰墙面时，板材比浆态施工更快速、方便、整洁。

1. 水泥板的基本常识

① 简介

水泥板是以水泥为主要原材料加工生产的一种建筑平板，介于石膏板和石材之间，可自由切割、钻孔、雕刻。它是一种环保型绿色建材，其装饰效果粗犷、质朴而又时尚，其特殊表面纹路可彰显高价值质感与独特品位，同时还具有水泥经久耐用、强度高的特性。

② 特性

装饰感独特。水泥板的装饰效果粗犷、质朴而又时尚，其特殊表面纹路可彰显高价值质感与独特品位。

强度、耐久性高。水泥板具有水泥经久耐用、强度高的特性。

环保性优良。水泥板不含任何挥发性毒害物，如石棉和甲醛，不会产生任何对人体有害的物质。

防火。水泥板是一种非燃烧性装饰材料，耐火性极高，并同时可满足防水、防潮要求。

易加工。水泥板可以切割、刨平、打磨、钻孔、穿线、并可以用铁钉或螺钉固定。

强抗击冲力。水泥板具有超强的抗冲击力，这是其他建材无法比拟的。

水泥板具有水泥建材的质感，但是因为制成了板材，所以可以实现干施工，其不仅仅适用于工业风格中，只要控制好使用面积并恰当搭配其他建材，适用范围还可以更加广泛

③ 分类、特点及适用范围

水泥板的种类比较多样，室内常用的水泥板包括木丝水泥板、美岩水泥板和清水混凝土板三种类型。

水泥板的分类、特点及适用范围

名称	例图	特点	适用范围
木丝水泥板		颜色清灰，双面平整光滑 兼具木料的强度、易加工性和水泥经久耐用的特点，与水泥、石灰、石膏配合性好 相较而言，纹理较细腻，可看到丝状	顶面、墙面、柱面、隔墙
美岩水泥板		也称纤维水泥板，正反两面各具特色 正面纹路细腻，反面则立体感强 纹理可与岩石媲美 相较而言，纹理较粗，类似岩石纹理	顶面、墙面、柱面、隔墙
清水混凝土板		又称装饰混凝土、清水板 采用现浇混凝土的自然表面作为饰面 平整光滑，色泽均匀，棱角分明 抗紫外线辐照、耐酸碱盐的腐蚀且温和	顶面、墙面、柱面、隔墙

④ 常用参数

水泥板的常用参数包括抗弯强度、抗拉强度、抗冲击强度、湿胀率、干缩率等，具体参考下表。

水泥板的常用参数

名称	常用参数
抗弯强度	39.7MPa
抗拉强度	13.1MPa
抗冲击强度	3.4 kJ/m^3
湿胀率	0.23%
干缩率	0.11%

注：上表中的参数为部分水泥板的平均值，不同类型、不同厂家生产的产品数值会略有不同。

2. 水泥板墙面的施工流程及施工工艺

水泥板可装饰顶面、墙面和柱面，但最常见的还是装饰墙面，因此下面主要介绍水泥板墙面的施工流程及工艺，柱面施工可参考墙面，基本相同。

第一步：基层处理

用水泥砂浆找平，而后做轻钢龙骨或木龙骨基层。找平完成后，若粘贴施工，需铺上一层超过 8mm 的夹板。

第二步：切割水泥板

使用钨钢 120t 锯片，把水泥板材切成需要的尺寸，切口不允许起毛边。

第三步：水泥板安装

水泥板墙面施工有胶粘和螺钉固定两种方式，可根据情况选择。胶粘安装：先在离水泥板边距 1.5cm 处打胶一圈，在胶圈内水平与垂直方向，每隔 10 ～ 15cm 以点状打胶。把水泥板粘贴在基层板上，板与板之间可留缝或密拼。胶粘安装适合小面积施工或平整的墙面。螺钉固定：做骨架找平，而后用锁自攻螺钉等来固定水泥板。螺钉固定适合大面积施工或平整度差的墙面。

第四步：填缝

接缝部分需进行处理，可用结构胶或填缝剂填缝；也可用不锈钢嵌条或者压条收口。

第五步：表面处理

施工完成后，用 300 号砂纸轻磨水泥板，用干布除去板材表面的污渍，露出板材纹理。

第六步：涂饰

根据需要选择涂饰或不涂饰。涂饰可在水泥板表面刷 2 ～ 3 遍保护剂或刷 2 遍水性地板腊，需加深颜色可使用透明 PU 漆。

/ 水泥板墙面施工验收要点 /

水泥板的品种、规格、颜色和性能应符合设计要求。

水泥板表面应干净整洁，无任何污渍；表面应平整、光滑。整体色泽应相近，无明显色差。

水泥板与基层的连接应牢固、结实，无空鼓现象。

边缘部分应顺直、圆滑，无毛刺和飞边现象。

嵌缝应密实、平直，宽度和深度应符合设计要求，嵌缝材料色泽应与水泥板一致。

开关、插座洞口的套割应准确、整齐，交接应紧密、牢固。

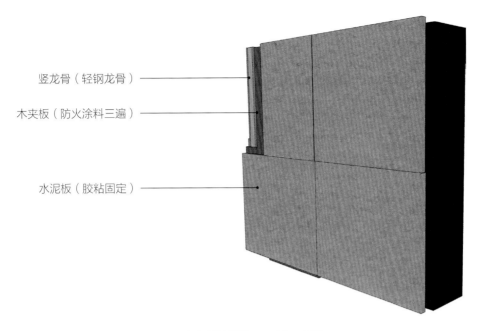

竖龙骨（轻钢龙骨）

木夹板（防火涂料三遍）

水泥板（胶粘固定）

水泥板墙面施工三维示意图

空间中部分墙面采用木丝水泥板做装饰，与钢质的楼梯搭配，为温馨的氛围增添了一些冷硬感和时尚气息

四、石膏板

大理石是石灰岩或白云石经过地壳高温、高压作用形成的一种变质岩，通常为层状结构。从大理石矿体开采出来的块状石料被称为大理石荒料，荒料经锯切、磨光等程序加工后得到的才是大理石装饰板材。其品种丰富、种类多样。

1. 石膏板的基本常识

① 简介

石膏板是以建筑石膏为主要原料制成的一种材料，是当前着重发展的新型轻质板材之一，不仅可用作吊顶材料，还可用于制作隔墙。其种类较多，还有功效性的产品，可以满足防火、防水等要求。

② 特性

质轻。作隔墙时，石膏板的重量仅为砖墙的 1/3 ~ 1/4。

防火性优异。石膏板属非燃材料，其耐火极限可达 2h 以上，有的可用作钢结构的防火保护层。

装饰功能好。石膏板表面平整，板与板之间通过胶结料可牢固地黏结在一起，形成无缝结构。

易加工。石膏板可钉、可锯、可粘、施工方便，用它做装饰，比传统的湿法作业效率更高。

调节湿度。当空气中的湿度比石膏板本身的含水量大时，它能吸收空气中的水分；反之，则石膏板可以释放出板中的水分，具有调节室内空气湿度的作用。

③ 分类、特点及适用范围

根据制作工艺不同，石膏板可分为纸面石膏板、功能性纸面石膏板、装饰石膏板和纤维石膏板等类型。

石膏板的分类、特点及适用范围

名称	例图	特点	适用范围
纸面石膏板		以石膏料浆为夹芯，两面用纸作护面的石膏板，是目前使用率最高的一种 质地轻、强度高、防火、防蛀、易于加工	吊顶、墙面、隔墙
功能性纸面石膏板		纸面经过了耐水或耐火处理 可用于湿气较大或有防火要求的房间 如卫浴间、厨房等	吊顶、墙面、隔墙

名称	例图	特点	适用范围
装饰石膏板		装饰性较强，有多种图案、花饰 包括石膏印花板、穿孔板、石膏浮雕板、纸面石膏饰面装饰板等 轻质、防火、防潮、易加工、施工便捷	吊顶、墙面
纤维石膏板		在石膏粉中加入各种纤维增强材料制成的建材 外表无护面纸板，也叫无纸石膏板 比纸面石膏板的应用范围更广泛 其综合性能优于纸面石膏板 具有可钉性，可挂物品	隔墙
GRG（预铸式玻璃纤维加强石膏板）		由改良纤维和增强石膏合成的一种异形建材 具有无限的可塑性，可以任意自由造型 可呼吸，能够自然调节室内湿度 质量轻，强度高，声学效果好 能够抵御环境造成的破坏、变形和开裂	吊顶、墙面

④ 常用参数

石膏板的种类较多，参数不一，下面主要介绍近年来较受关注的 GRG（预铸式玻璃纤维加强石膏板）的常用参数，包括抗弯强度、抗拉强度、抗冲击强度、抗压强度、体积密度、吸水率等，具体参考下表。

石膏板的常用参数

名称	常用参数
抗弯强度	≥ 12MPa
抗拉强度	≥ 10MPa
抗冲击强度	≥ 20kJ/m²
抗压强度	≥ 15MPa
体积密度	≥ 1.6g/m³
吸水率	≤ 15%

注：上表中的参数为部分 GRG（预铸式玻璃纤维加强石膏板）产品的平均值，不同厂家生产的产品数值会略有不同。

2. 石膏板吊顶的施工流程及施工工艺

石膏板虽然用处较多，但在室内的应用更多的是制作吊顶，而后搭配各种涂料饰面。下面主要介绍纸面石膏板轻钢龙骨跌级吊顶及 GRG（预铸式玻璃纤维加强石膏板）吊顶的施工工艺。

① 纸面石膏板轻钢龙骨跌级吊顶施工

第一步：定高度、弹线

根据室内四周墙面，弹好水平控制线，要求弹线清晰、准确，误差应不大于 2mm。

第二步：安装吊杆

使用 1mm×8mm 膨胀螺栓固定吊杆，在弹好的顶棚标高水平线或者龙骨分档线后，确定好吊杆下头的标高，吊杆不要和专业的管道接触。同时根据施工图纸中跌级的位置来对处于跌级侧面的吊杆进行单独设置。

第三步：安装龙骨

同时在划分好的主、次龙骨的顶棚标高线上划分龙骨分档线。为了保证整个骨架的稳定性，可用膨胀螺栓进行固定。

第四步：封板

对石膏板分块弹线、切割，再使用纸面石膏板进行封板。

第五步：饰面

将缝隙处理成坡口，然后用腻子补齐，再贴上填缝胶带。在石膏板面层上满刮腻子三遍，方式参考墙面刮腻子的方式。打磨光滑后即可根据饰面建材的种类进行饰面施工。

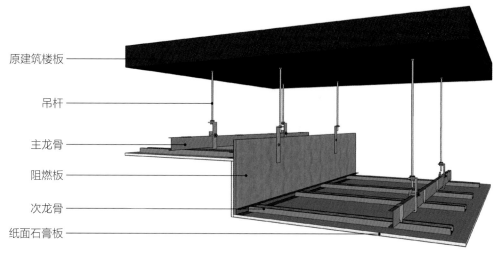

原建筑楼板

吊杆

主龙骨

阻燃板

次龙骨

纸面石膏板

纸面石膏板轻钢龙骨跌级吊顶施工三维示意图

纸面石膏板制作吊顶，既可以是平面的，也可以是跌级的；既可以是水平的，也可以是倾斜的，造型多变。设计师利用原建筑的斜顶，设计了跌级式斜面吊顶，搭配灯光，既凸显出原建筑高度上的优势，又避免了产生空旷感

❷ GRG（预铸式玻璃纤维加强石膏板）轻钢龙骨吊顶施工

第一步：弹线

为保证顶棚的平整度，施工人员必须根据设计图纸的要求进行弹线，保证标高及其位置的准确性。

第二步：确定 GRG 板的位置

确定 GRG 板的位置可以使顶棚钢架吊点准确、吊杆垂直，各吊杆受力均衡，有效避免顶棚产生大面积的不平整，用全站仪在顶棚板下结构板面上设置与每一排顶棚板上控制点相对应的控制点。

第三步：安装吊杆

根据定位，在转换层钢架上定位、打孔、安装丝牙吊杆。

第四步：安装 GRG 板

为保证 GRG 顶棚的整体钢度，防止以后顶棚变形，应先安装造型 GRG 顶棚，这样有利于顶棚造型的定位，若与其他材料顶棚相接，也有助于 GRG 板与其他饰面板相互固定。顶棚造型均采用轻钢材料，以保证造型有足够的刚度。

第五步：GRG 板的拼缝处理

为防止顶棚及墙面造型的面层批嵌开裂，拼缝应根据刚性连接的原则进行设置，内置木块螺钉连接，并分层批嵌处理。批嵌材料采用渗入抗裂纤维的材质和与 GRG 板一致的专用拼缝材料。拼缝处理完成后涂 GRG 板专用腻子，打磨处理完成后进行涂料施工，施工完成后检查顶棚板的平整度。

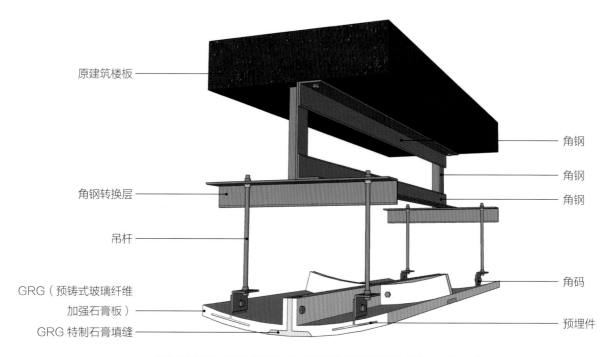

GRG（预铸式玻璃纤维加强石膏板）轻钢龙骨吊顶施工三维示意图

GRG 非常适合做一些异形、曲线及一体化的设计，可实现无缝施工，GRG 同时跨越顶面和墙面，做一体式设计，既个性又时尚

/ 石膏板吊顶施工验收要点 /

石膏板及龙骨的品种、规格、样式应符合设计要求。

龙骨骨架的吊杆，主次龙骨的安装间距、位置正确，连接牢固，无松动。

整面龙骨骨架应顺直、无弯曲、无变形；吊挂件、连接件应符合产品组合要求。

石膏罩面板表面平整、起拱准确、颜色一致洁净、颜色一致，无污染、反锈等缺陷。

石膏罩面板应无脱层、翘曲、折裂、缺棱掉角等缺陷，安装必须牢固。

石膏罩面板接缝形式符合设计要求，拉缝和压条宽窄一致、平直、整齐，接缝严密。

吊顶的造型尺寸及位置准确，收口严密平整，曲线流畅、美观。

3.纸面石膏板与镜面玻璃结合吊顶的装饰效果与施工方法

镜面玻璃具有极高的反射性,能够使室内空间看起来更宽敞,同时还能够增添时尚感。镜面玻璃常被用来装饰墙面和顶面,在顶面上多需要与纸面石膏板(乳胶漆饰面)结合施工,吊顶龙骨可使用木龙骨,也可使用轻钢龙骨,后者的适用场所更广泛,所以下面主要介绍轻钢龙骨吊顶施工。

① 施工流程

无压条施工法:定高度、弹线→固定吊杆→安装轻钢龙骨做基层→固定细木工板→安装石膏板→满刮腻子(厚 2mm)→安装镜面玻璃。

压条施工法:定高度、弹线→固定吊杆→安装轻钢龙骨做基层→固定细木工板→安装石膏板→满刮腻子(厚 2mm)→安装镜面玻璃→安装压条。

② 注意事项

两者结合施工时,使用镜面玻璃专用粘合剂将镜面玻璃与涂刷防火涂料三遍的细木工板相固定,注意镜面玻璃与纸面石膏板之间需留 1mm 宽的距离。

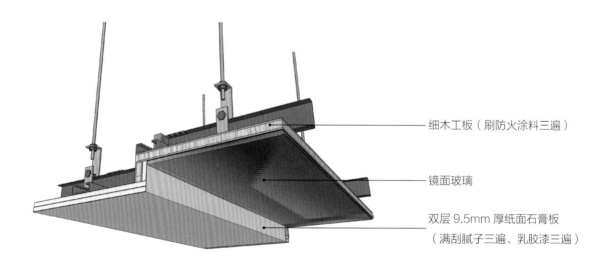

细木工板(刷防火涂料三遍)

镜面玻璃

双层 9.5mm 厚纸面石膏板
(满刮腻子三遍、乳胶漆三遍)

纸面石膏板面饰乳胶漆与镜面玻璃结合吊顶施工三维示意图(无压条施工法)

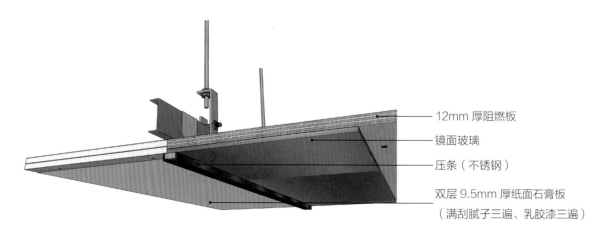

12mm 厚阻燃板

镜面玻璃

压条(不锈钢)

双层 9.5mm 厚纸面石膏板
(满刮腻子三遍、乳胶漆三遍)

纸面石膏板面饰乳胶漆与镜面玻璃结合吊顶施工三维示意图(压条施工法)

石膏板做跌级吊顶，顶面中央搭配镜面玻璃，玻璃上配以金色不锈钢条拼接的几何图案，与墙面的酒柜和镜面造型相呼应，使空间内的奢华感进一步得到提升

4. 纸面石膏板与石膏线结合吊顶的装饰效果与施工方法

石膏板吊顶与墙面相接的转角常会使用石膏线来进行过渡，可以将两个界面的转角处理得更柔和、自然，同时还能够提升整体设计的美观性。石膏线的样式可以根据室内风格进行选择，如欧式风格选择雕花款式，而简约风格选择直线条款式等。

① 施工流程

定高度、弹线→固定吊杆→安装主龙骨→安装次龙骨→安装边龙骨→安装石膏板→裁切木方→安装夹芯板→安装成品石膏线→饰面施工。

② 注意事项

石膏线条与纸面石膏板吊顶相接时，必须固定牢固。石膏线可以直接黏结到墙面和顶面上，此时无须安装木方和夹芯板，可省略相应步骤。或者采用十字沉头自攻螺钉固定到夹芯板上，这种固定方式虽施工麻烦一些，但连接更加稳固。

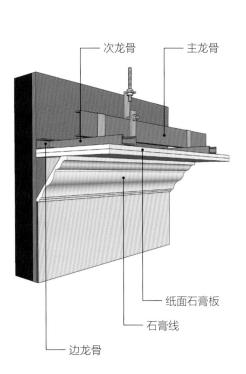

纸面石膏板与石膏线条结合吊顶施工三维示意图

纸面石膏板吊顶与墙面之间，用石膏线做衔接，过渡更自然，柔化了建筑的线条

第九章

装饰玻璃

随着物质生活的提高，人们对室内设计个性化、艺术化的要求不断提升。玻璃因使用的多样性越来越受到国内外设计师的青睐。现今，玻璃已不仅仅是一种采光材料，更是现代建筑具有代表性的一种装饰建材。本章详细介绍了各类装饰性玻璃建材的性能、特点、适用范围、常用参数、施工要点、验收及与其他建材混搭施工等多方面的知识，有助于读者全面地了解装饰玻璃，从而更好地在室内设计中进行运用。

一、概述

玻璃具有一般建材难以比拟的高透明性，其在建筑中的应用主要体现在两方面：一是在建筑外墙的应用；二是在室内装饰工程中的应用。后一种类型所使用的玻璃统称装饰玻璃。

1.装饰玻璃的性能

玻璃是以石英砂、纯碱、长石和石灰石等为主要原料，经一系列工序固化而制成的非结晶无机材料。它具有优良的机械力学性能和热工性能。

装饰玻璃的主要性能

一是光学性质。玻璃既能透过光线，又有反射光线和吸收光线的能力。①反射性能。玻璃反射的光能与投射的光能之比称为反射系数。反射系数的大小取决于反射面的光滑程度、折射率及投射光线入射角的大小。②吸光和透光能力。玻璃对光线的吸收能力因玻璃的化学组成和颜色的不同而不同。无色玻璃可透过各种颜色的光线，但吸收红外线和紫外线；各种不同颜色的玻璃能透过同色光线而吸收其他颜色的光线；石英、硼磷玻璃能透过紫外线；锑、钾玻璃能透过红外线。③折射能力。玻璃的折射能力因化学组成的不同而变化，其折射率随温度上升而增加。光线通过玻璃时，由于各种组成成分的折射率不同，会发生漫射。这种现象被称为"色散"。"色散"会严重影响光学用玻璃的质量。

二是化学稳定性。通常来说，装饰玻璃都具有较高的化学稳定性，对酸、碱、盐以及化学试剂或气体等具有较强的防侵蚀能力，能抵抗氢氟酸以外的各种酸类。但是长期遭受侵蚀介质的腐蚀，装饰玻璃也会变质和破损，甚至风化。发霉会导致玻璃外观被破坏和降低透光能力。

2.装饰玻璃的运用趋势

应用率的提高促进了装饰玻璃新品的开发，使其品种日益增多。其运用及产品变化主要体现为以下三个方面。

① 新品种的增多

随着科技的不断进步，装饰玻璃以设计概念和功能为主导，采用玻璃材质和艺术技巧，各种新型玻璃产品不断涌现，其品种及功能日益增多。

② 加工的细化

加工的细化体现为两方面：一是追求更细的边框，甚至不使用边框；二是玻璃加工及板面切割得更加细化，如切割更趋向于模数化或黄金玻璃分割等。

③ 图案的变化

为了满足设计师不断冒出的新想法，玻璃的图案会更具有立体效果，以追求更强的视觉冲击。

装饰玻璃都具有较强的反射性能，尤其是镜面玻璃中的超白镜，它是玻璃中反射性最强的一种，其色彩为银色，适用范围极广，根据不同风格可做不同造型，如上图中为了更符合法式风格的特征，设计师采用了车边拼接的设计形式，以彰显奢华感

二、装饰玻璃板材

装饰玻璃板材采用玻璃材质和艺术技巧，既丰富了室内空间的艺术形象，又提高了其实用功能和经济价值。其种类多样，越来越受到设计界的关注。

1. 装饰玻璃板材的基本常识

① 简介

装饰玻璃板材指的是具有装饰作用的板材状态的玻璃，是与玻璃砖相对的一种称呼。此类玻璃建材具有一般材料难以比拟的高透明性，已不再仅是采光材料。人们对其进行了各种美化和加工，使其成为一种充满艺术性的装饰建材。种类的多样化，使装饰玻璃在室内空间中的使用范围更加广泛，不仅可以装饰门窗、制作隔断，还可装饰顶面、墙面甚至装饰玻璃地面。

② 分类、特点及适用范围

装饰玻璃板材丰富多样，较为常用的就有十多个种类，具体参考下表。

装饰玻璃板材的分类、特点及适用范围

名称	例图	特点	适用范围
镜面玻璃		色彩多样，有灰色、银色、黑色、茶色等 表面平整、光滑，光泽感超强，华丽而不夸张 加工非常便捷，可随意裁切、拼贴 运用各种颜色的镜面玻璃，不仅可以隐藏梁柱、延伸空间感，还可以增强室内的装饰效果	顶面、墙面、柱面、柜门
烤漆玻璃		种类多样，有实色系列、金属系列、半透明系列、珠光系列及聚晶系列等多个系列 烤制加工，色漆附着力极强，不易脱落 耐水性强，耐酸碱性强，耐候性强 抗紫外线、抗老性强	顶面、墙面、柱面、台面、楼梯栏板、柜门、厨房防溅挡板
印刷玻璃		采用数码打印设备和技术，可将计算机上的图案印刷在玻璃上，色彩亮丽，效果逼真 图案是半透明的，既能透光又能使图案融入环境 色彩可自主选择，具有多样性和多彩设计 具有超强的紫外线耐受能力，抗刮擦、防酸碱	隔断、柜门、厨房防溅挡板

续表

名称	例图	特点	适用范围
花纹玻璃		加工方式有压花、喷花、雕刻等多种 压花玻璃的花纹为压制制成，喷花玻璃的花纹采用喷砂方式制成。它们都具有透光不透明的特点，其透视性，因距离、花纹的不同而各异 雕刻玻璃是由平板玻璃经酸蚀研磨制成的，图案的立体感非常强，似浮雕一般，通常为定制产品	门、窗、隔断、屏风、墙面
夹层玻璃		在两片或多片玻璃原片之间，加入中间膜或纸、布、丝、绢等制成的一种复合玻璃 具有良好的抗冲击性，不易破碎 采用不同的原片玻璃制成的夹层玻璃具有耐久、耐热、耐湿、耐寒等性能	门、隔断、楼梯栏板、地面
彩绘玻璃		用特殊颜料直接着墨于玻璃上，或者在玻璃上喷雕各种图案再加上色彩制成 可逼真地对原画进行复制，能够根据需求进行定制	门、窗、隔断、屏风
镶嵌玻璃		可以将彩色玻璃、雾面玻璃等各种玻璃任意组合，再用金属条加以分隔，合理地搭配，呈现不同的美感	门、窗、隔断、屏风、柜门
砂面玻璃		表面经过处理后形成凹凸不平毛面的一类玻璃 能使光线透过时产生散射的效果，从而形成朦胧的视觉感 适用范围广、施工简单、透光而不透视、易清洁	门、窗、隔断、楼梯栏板
热熔玻璃		热熔玻璃跨越了现有的玻璃形态，使平板玻璃加工出各种凹凸有致、色彩各异的艺术效果 其种类繁多，应用范围广泛 图案丰富、立体感强、装饰华丽、光彩夺目，使玻璃面具有很生动的造型	门、窗、隔断、屏风、柜门

注：装饰玻璃板材的种类较多、性能不一，参数也不尽相同，因此这里不再多作介绍。

2. 装饰玻璃板材的施工流程及施工工艺

装饰玻璃板材根据使用的部位不同，施工方式也存在较大的差别。玻璃板材在室内空间中多用于装饰顶面和墙面，顶面可参考纸面石膏板与镜面玻璃结合吊顶部分的施工工艺，下面主要介绍墙面的施工工艺。

① 混凝土基层装饰玻璃板材墙面挂板施工

第一步：测量放线

用水平仪在墙体安装装饰玻璃的位置放出垂直线及水平控线，并按长宽分档，来确定龙骨位置，同时弹出墙面的中心线及边线。

第二步：安装方钢管

用膨胀螺栓与 L 形角钢将镀锌的方钢管竖向固定在建筑墙面、顶面，同时按一定的间距将横向方钢管用螺钉固定在竖向方钢管上方，经拉拔试验合格后，进行下一步操作。

第三步：安装挂件材料

将铝合金挂件两边分别用螺钉固定在方管和铝方通背框上，金属挂件安装的数量根据装饰玻璃的大小面积确定。

第四步：安装玻璃

将装饰玻璃通过铝方通背框伸出的 L 形金属托件从下自上分段用结构胶进行贴装，玻璃贴装完成后需对板块进行调整，保证玻璃横平竖直，调整完成后再进行固定。彩釉安全玻璃可与成品金属踢脚相接。

第五步：清理保护

将装饰玻璃表面及墙面的胶迹灰尘等清理干净后，对安装好的装饰玻璃做好成品保护，避免其受到外界污染。

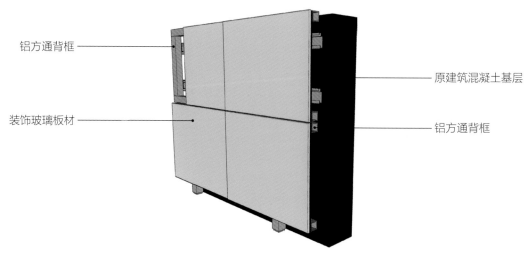

铝方通背框

原建筑混凝土基层

装饰玻璃板材

铝方通背框

混凝土基层装饰玻璃板材墙面挂板施工三维示意图

装饰玻璃板材挂板施工通常适用于面积较大的空间，多用于公共场所之中，住宅因为面积较小，基本不采用此种施工方法

② 混凝土基层装饰玻璃板材墙面粘贴施工

第一步：墙面定位弹线

根据设计图纸，在墙面上弹出垂直线、水平线，以及安装横竖龙骨、隔墙玻璃的位置线。

第二步：钻孔安装角钢固定件

将 40mm×40mm×3mm 的方钢通过角钢固定在混凝土基层墙面上，角钢一面用膨胀螺栓固定在基层墙面上，另一面与方钢焊接在一起。

第三步：固定竖向龙骨

按分档位置安装竖向龙骨，上下两端插入天地龙骨，调整竖向龙骨位置，确定其定位准确后用抽芯铆钉进行固定。

第四步：固定横向龙骨

按设计要求，当墙面高度大于 3m 时应安装横向龙骨，横向龙骨用抽芯铆钉或螺栓进行固定。

第五步：安装基层板

先将木板进行防火、防腐处理，然后将木板作为基层用自攻螺钉固定在 40mm×40mm×3mm 的方钢上，金属挂件按自攻螺钉的间距在木基层上固定。

第六步：粘贴装饰玻璃板材

先将结构胶按一定的间距以条状粘贴在木基层上，然后将装饰玻璃板材通过挂件安装好，调整好玻璃的水平及垂直度后，粘贴固定。

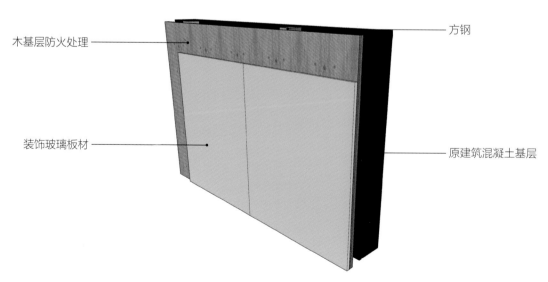

木基层防火处理

方钢

装饰玻璃板材

原建筑混凝土基层

混凝土基层装饰玻璃板材墙面粘贴施工三维示意图

背景墙两侧采用粘贴施工法安装了两面镜面玻璃，使空间显得更具低调的奢华感，同时还具有提亮空间和扩大空间感的作用

用黑色的镶嵌玻璃与抛光大理石结合设计墙面，是类似亮度、不同质感的一种结合，扩大了空间感的同时使层次更丰富

③ 装饰玻璃板材隔断墙施工

第一步：测量放线

根据设计图纸尺寸测量放线，测出基层面的标高，玻璃墙中心轴线及上、下部位，收口不锈钢槽的位置线。落地无框玻璃隔墙应留出地面饰面厚度及顶部限位部位标高。

第二步：处理预埋铁件，刷防腐、防锈涂料

先将镀锌钢板用膨胀螺栓固定在顶面，再将镀锌方管与天花完成面预埋的 U 形槽以及镀锌钢板进行焊接。地面完成层的预埋 U 形金属槽则用角码固定件进行固定。型钢材料在安装前应刷好防腐涂料，焊好后应在焊接处再补刷防锈漆。

第三步：制作吊挂玻璃支撑架

当较大面积的玻璃隔墙采用吊挂式安装时，应先在建筑结构或板下做出吊挂玻璃的支撑架并安好吊挂玻璃的夹具及上框。

第四步：安装玻璃

先将边框内的槽口清理干净并垫好防震橡胶垫块。用 2~3 个玻璃吸器把玻璃吸牢，调整玻璃的位置，先将玻璃推到墙边，使其插入贴墙的边框槽口内，然后安装中间的玻璃。两块玻璃之间接缝时应留 2~3mm 的缝隙以便于打胶，应在玻璃下料时计算所留缝隙的宽度尺寸。

第五步：嵌缝打胶

玻璃就位后校正平整度、垂直度，同时将聚苯乙烯泡沫嵌条嵌入槽口内，紧密地接合玻璃与金属槽，然后打硅酮结构胶。注胶时，将结构胶均匀注入缝隙中，注满后用塑料片在厚玻璃的两面刮平玻璃胶，并清洁玻璃表面的胶迹。

第六步：装饰边框

精细加工的玻璃边框作为墙面或地面的饰面层时，应用 9mm 胶合板做衬板，用不锈钢等金属饰面材料做成所需的形状，然后用胶粘贴于衬板上，从而得到表面整齐、光洁的边框。

第七步：清洁及成品保护

装饰玻璃板材隔墙安装好后，先用棉纱和清洁剂清洁玻璃表面的胶迹和污痕，然后用粘贴不干胶条、磨砂胶条等办法做出醒目的标志，以防发生碰撞玻璃的意外。

/ 装饰玻璃板材隔断墙施工验收要点 /

装饰玻璃板材的品种、规格、色彩等应符合设计和施工规范要求。

拼接设计的装饰玻璃板材，接缝应吻合，颜色、图案应符合设计要求。

装饰玻璃板材的安装应平整、牢固，无松动现象。

装饰玻璃板材与框架之间的缝隙应密实平整、均匀顺直。

完工后，装饰玻璃板材表面应洁净，不得留有油灰、浆水、密封膏、涂料等污痕。

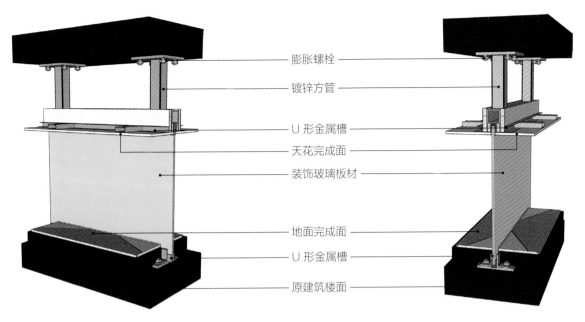

膨胀螺栓

镀锌方管

U 形金属槽

天花完成面

装饰玻璃板材

地面完成面

U 形金属槽

原建筑楼面

装饰玻璃板材隔断墙施工三维示意图

用乳白色的带有图案设计的装饰玻璃板材，设计卧室与卫浴间之间的隔墙极具美观性，同时可以让卫浴间进入更多光线，且透光不透影

3.装饰玻璃板材与壁纸结合的装饰效果与施工方法

　　装饰玻璃板材常用来装饰墙面的是镜面玻璃和烤漆玻璃，它们都具有较高的反射性和多样化的色彩，但是素面建材没有纹理，将其与壁纸相结合，可以极大地丰富整体装饰的层次感，且根据所选壁纸纹理的不同，适用于不同风格的室内空间。

① 施工流程

　　现场放线→龙骨固定→夹板固定→刮腻子（可省略）→壁纸裱糊→装饰玻璃板材安装→压条安装。

② 注意事项

　　装饰玻璃板材与壁纸结合时，玻璃边缘部分通常需要用压条（线条）做装饰，起到固定和过渡的作用。木质压条通常固定在两块玻璃的中间，用螺钉固定在基层板和龙骨上，而后填补表面的钉眼，再刷漆；金属及木质边框固定在墙面或基层板上，与玻璃之间通过"卡"的方式来固定。

装饰玻璃板材与壁纸结合施工三维示意图

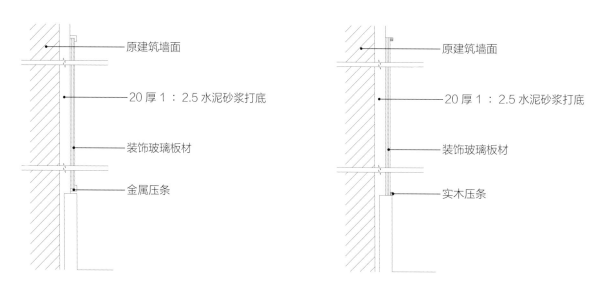

装饰玻璃板材压条安装示意图

空间整体设计营造出一种复古的氛围，所以装饰玻璃选择了带有模糊图案的镜面玻璃，以符合整体的基调。其与壁纸之间用线条做过渡，既可以让玻璃安装更稳固，也让边缘的过渡更加自然

三、玻璃砖

玻璃砖按照制作方式，可分为空心和实心两大类，实心玻璃砖为一体式结构。空心玻璃砖是由两片玻璃制成的空心盒装玻璃制品，主要由面层玻璃和夹层两部分组成，是室内常用的建材。

1. 玻璃砖的基本常识

① 简介

玻璃砖的色彩、款式多样，具有多种优良的性能，且具有集建筑主体和装饰性于一体的特点。在室内装饰工程中，玻璃砖通常不作为饰面材料使用，而是作为结构材料使用。它可用在隔断、隔墙、地面、天花等处。

空间玻璃砖的中间填充气体，所以重量极轻，十分适合作为间隔建材使用，根据透光的需要，可以选择不同的玻璃品种。本案空间面积较大，但作为售楼场所不宜显得昏暗，所以设计师选择用透明玻璃砖制作隔断，以满足间隔空间的需求

② 特性

款式多样。在颜色上，除无色款式外，玻璃砖还有粉绿、粉蓝、粉红等颜色；面层除平面透明样式外，玻璃砖还有雾面、斜纹、小方格、水波纹、气泡等压纹款式。

绿色环保。玻璃砖无毒无害、无污染、无异味、无刺激性，能防虫蛀；对人体无害，还可回收利用。

采光效果好。清玻璃玻璃砖的透光率为75%，有色玻璃为50%，可增加室内采光。

性能佳。玻璃砖隔音、隔热、保温，防水、防火，重量轻，施工简单，易清洁。

③ 分类、特点及适用范围

根据玻璃砖表面所使用玻璃制作工艺的不同，玻璃砖可分为光面玻璃砖、雾面玻璃砖和压花面玻璃砖三种类型。

玻璃砖的分类、特点及适用范围

名称	例图	特点	适用范围
光面玻璃砖		采用完全透明的光面玻璃制成 适用于隐私性不强的区域	隔断、隔墙、地面、天花
雾面玻璃砖		采用磨砂或喷砂玻璃制成 大部分为双雾面，也有单雾面的款式 透光而不透视，可保证隐私性	隔断、隔墙、地面、天花
压花面玻璃砖		采用压花玻璃制成 装饰性较强 较适用于隐私性不强的区域	隔断、隔墙、地面、天花

④ 常用参数

玻璃砖的常用参数，包括导热系数、透光率、传声系数及热稳定性等，具体参考下表。

导热系数	0.36W/（m·K）
透光率	散光的不小于65%；不散光的不小于75%
传声系数	0.00003
热稳定性	50℃

注：不同厂家的产品系数会略有不同，以下数据仅供参考。

2. 玻璃砖隔墙的施工流程及施工工艺

玻璃砖虽然可用部位很多，但因其重量轻且透光率高，在室内常用来制作隔墙，因此，下面主要介绍玻璃砖隔墙的施工工艺。

第一步：放线

按照图纸在地面弹线，以玻璃砖的厚度为轴心，弹出中心线。

第二步：固定周边框架

用膨胀螺栓将钢筋固定于楼板，用直径为 6mm 的通长钢筋与之焊牢。顶棚石膏板和地面都与外包不锈钢的方形中空胶合板固定，胶合板厚 9mm，且中间有通长为 72mm×40mm×8mm 的方钢，两边方钢尺寸为 25mm×25mm×3mm。

第三步：扎筋

当隔墙高度尺寸超过规定时，应在垂直方向上每隔 2 层玻璃砖水平布置一根钢筋；当隔墙长度尺寸超出规定尺寸时，应在水平方向每隔 3 个缝垂直布置一根钢筋。钢筋每端伸入金属型材框的长度不得小于 35mm，用钢筋增强的室内隔墙高度不得超过 4m。

第四步：制作白水泥浆

水泥砂浆可用于砌筑玻璃砖隔墙，采用水泥：细沙为 1：2 的比例制作白水泥浆，然后兑入生态环保胶水。白水泥浆要有一定的稠度，以不流淌为好。

第五步：砌筑玻璃砖隔墙

自上而下排砖砌筑，砌筑前在玻璃砖凹槽内放置十字定位架，砌筑时将上层玻璃砖压在下层玻璃砖上，同时使玻璃砖中间槽卡在定位架上，两层玻璃砖的间距为 5~10mm，每砌一层就用湿布将玻璃砖面上沾着的水泥浆擦去。顶部玻璃砖用木楔固定。

第六步：勾缝

砌筑完成后，顺着横竖缝隙勾缝，先勾水平缝，再勾垂直缝，缝要平滑且深度一致。勾缝后，用湿布或棉纱将表面擦洗干净，待勾缝砂浆达到强度后用硅树脂胶涂敷。

第七步：边饰处理

对玻璃砖外框进行装饰处理。如果采用金属型材，其与建筑墙体和屋顶的结合部，以及空心砖玻璃砌体与金属型材框翼端的结合部就要用弹性密封剂密封。

/ 玻璃砖隔墙施工验收要点 /

所用的玻璃砖及其辅料的品种、颜色应与设计相符。玻璃砖隔墙砌筑应结实，端部构件与胶粘应牢固。

玻璃砖表面应色泽一致、平整、整洁、清晰美观，无裂缝、残损和划痕。

玻璃砖与玻璃砖之间的勾缝应横平竖直，密实、平整、均匀顺直、深浅一致。

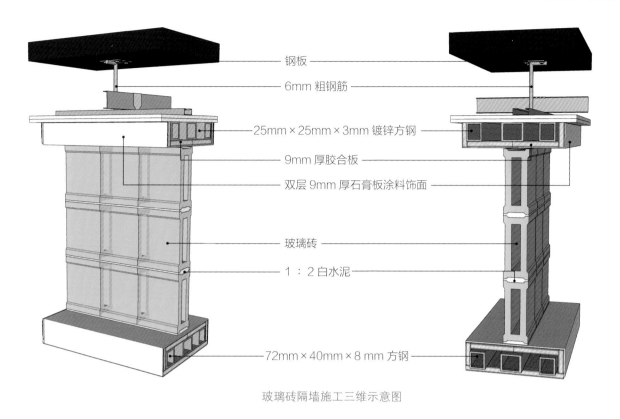

钢板

6mm 粗钢筋

25mm×25mm×3mm 镀锌方钢

9mm 厚胶合板

双层 9mm 厚石膏板涂料饰面

玻璃砖

1：2 白水泥

72mm×40mm×8 mm 方钢

玻璃砖隔墙施工三维示意图

用透明压花玻璃砖制作的隔墙，能够使光线投射到采光不佳的空间内，同时还可保证相间隔的两个空间相互独立

当玻璃砖隔墙的设计面积较大时，如果觉得单独使用一种玻璃砖有些单调，就可以用不同样式或不同色彩的玻璃砖进行搭配，如本案就使用了透明玻璃砖和磨砂玻璃砖的组合，形成了透与不透相间的效果

264

第十章

金属建材

　　金属建材近年来因时尚、个性的装饰效果而开始被大量地应用在室内空间中。其具有较好的装饰性。大量的研究表明，与其他建材相比，饰面金属更符合绿色建材的发展趋势，属于未来大有可为的一类建材。本章详细地介绍了各类饰面金属的性能、特点、适用范围、常用参数、施工要点、验收及与其他建材混搭施工等多方面的知识，有助于读者全面地了解饰面金属类建材，从而能够更好地在室内设计中加以运用。

一、概述

金属建材是指由一种或一种以上的金属元素或金属元素与某些非金属元素组成的合金的总称。金属建材在建筑上的应用不仅广泛，而且具有悠久的历史。

1.金属建材的性能

金属建材经久耐用、庄重华贵，颜色丰富多样，风格多样，使用范围广泛。其既可以作为结构材料，也可以作为装饰材料。在现代建筑中，作为装饰材料使用的金属品种繁多，它们一般都具有强度高、耐久性好、材质均匀、易于加工的特点。此外，还具有独特的光泽与颜色、高雅庄重的外表、精致、轻巧、现代感强等特点。用于建筑装饰的金属建材主要有不锈钢、铝及铝合金、铜及铜合金等。

金属建材的主要性能

金属建材强度高、塑性大、能承受较大的荷载和塑性变形。

金属建材具有良好的耐磨性、耐腐蚀、抗压，抗冻，抗渗透性能，同时耐久、轻盈、不易燃烧；导热性良好，因此隔热保温的性能相对较差。

金属建材具有良好的延展性，易于加工，可以制成各种型材，适应形态多变的用途需求，并可制成高精度的装饰成品或构件；通常需要借助机械进行切割、加工。

金属建材有独特的金属光泽、颜色与质感，具有不透明等特性，具有很强的装饰性能；但通常表面易锈蚀，需借助各种涂层工艺加以改善。

2.金属建材的运用趋势

金属建材用作装饰的多为板材，早期多使用金属的本色，随着技术的不断发展，出现了新的变化，其运用趋势可总结为以下两点。

① 色彩、纹理的丰富使得运用范围不断扩大

随着各种涂层、着色工艺和技术的不断进步，金属建材的色彩越来越丰富，出现了不同的纹样。以不锈钢为例，早期多用于公共场所中，作为电梯装饰板、服务台、构件装饰等，如今，在很多高级住宅中，不锈钢也成为十分常用的一种饰面建材，多用于墙面、柱面等部位的装饰，可以预见的是，其应用范围还将继续不断地扩大。

② 与其他建材组合运用

以往在室内空间中，金属建材多单独使用，这样不仅显得有些单调，且容易给人冷硬的感觉。随着人们对金属的施工技术掌握得越来越熟练，近年来的金属建材在用作饰面时，呈现出与其他建材组合运用的趋势。

室内的部分顶面和墙面均使用了金色的不锈钢做装饰，其中，有的设计成块面，有的设计成条形，搭配以白色为主的其他建材，华丽但不庸俗，具有高级感和品质感，给人以视觉享受

二、不锈钢

不锈钢是含有铬或镍等元素的合金钢，在空气中或化学腐蚀的介质中能够抵抗腐蚀。其在室内空间中，可用作墙面、柱面、天花的装饰面，以及栏杆、扶手等部件。

1. 不锈钢的基本常识

1 简介

不锈钢，通俗地说就是不容易生锈的钢铁，是在普通碳素钢的基础上，加入一组质量分数大于 12% 的合金元素铬（Cr），使钢材表面形成一层不溶解于某些介质的氧化薄膜，而使其与外界隔离而不易发生化学反应，以保持金属光泽，具有不生锈的特性。不锈钢具有光滑的质地、耐腐蚀性好、方便安装、装饰性好等优点，通常不必经过镀色等表面处理。其价格较高，所以室内装饰通常采用的是比较薄的不锈钢面板。

不锈钢的色彩十分多样，将茶色的不锈钢与白色大理石搭配，时尚且有一种低调的华丽感

② 特性

装饰性极佳。不锈钢具有漂亮的外观，形式多样的肌理，与石材、木材、玻璃等建材具有良好的搭配性。

耐腐蚀，良好的加工性能。不锈钢具有良好的耐腐蚀性和耐久性，并具有优良的力学性能、高强度、高硬度，及优异的延展性、成型性，易于加工和焊接。

耐高温和低温。不锈钢在高温条件下的残余强度和刚度均优于普通的碳素钢，可以应用于防火设计。且其在低温下的冲击韧性也优于普通的碳素钢。

抗冲击，可循环利用。在受到冲击时，不锈钢良好的延性可以吸收大量的能量。其 100% 可再生，可循环利用。

③ 分类、特点及适用范围

根据不锈钢表面制作工艺的不同，不锈钢可分为本色不锈钢、彩色不锈钢和花纹不锈钢三种类型。

不锈钢的分类、特点及适用范围

名称	例图	特点	适用范围
本色不锈钢		采用完全透明的光面玻璃制成 适用于隐私性不强的区域	顶面、墙面、柱面、厨房防溅挡板
彩色不锈钢		有蓝、灰、紫、红、青、绿、金黄、橙、茶色等色彩，彩色层面经久不褪色 抗腐蚀性强，力学性能较高 能耐 200℃ 高温，耐盐雾腐蚀性能比一般不锈钢好 装饰墙面坚固耐用、美观新颖	顶面、墙面、柱面
花纹不锈钢		表面效果多样，色彩丰富 不仅保留了彩色不锈钢装饰材料的优点，而且花纹图案变化繁多 表面形成的镜面与喷砂面的强烈对比，使之具有很强的装饰效果	墙面、柱面、厨房防溅挡板

④ 常用参数

不锈钢的常用参数，包括抗拉强度、条件屈服强度、伸长率、断面收缩率等，具体参考下表。

抗拉强度	520MPa
条件屈服强度	205MPa
伸长率	40%
断面收缩率	60%

注：不同类型、不同厂家的产品系数会略有不同，以下数据仅供参考。

2. 不锈钢墙面的施工流程及施工工艺

不锈钢墙面的施工可以挂板也可以粘贴，轻钢龙骨、加气砌块、混凝土等基层均可施工。下面主要介绍混凝土基层墙面粘贴施工法。

第一步：基层处理

将基层浮灰清理干净，对不够平整、垂直度不满足要求的墙面进行修补。

第二步：定位弹线

在墙面弹出龙骨安装的位置线，用水准仪在墙壁大角处弹出水平及竖向控制线。

第三步：安装龙骨

将竖向龙骨卡入龙骨卡件内，并用带塑料膨胀管的美固钉钉入建筑墙体进行固定。在安装完毕后，应进行除锈处理。重点是对焊接处的表面，如对连接点、固定点等，进行下一步工序前的刷防锈漆处理。

第四步：基层板安装

厚石膏板用自攻螺钉与墙面龙骨固定，检查安装牢固后，将经阻燃处理的基层板用木钉固定在厚石膏表面。

第五步：弹线、不锈钢板安装

在基层板上弹出不锈钢板的安装分格线。而后在基层板上用专用胶将不锈钢饰面板粘贴在基层板上，确认安装无误后，压紧、牢固。

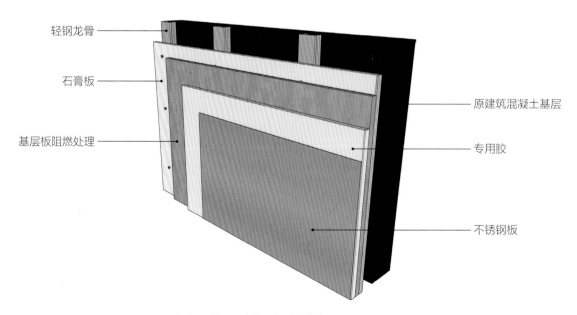

轻钢龙骨

石膏板

基层板阻燃处理

原建筑混凝土基层

专用胶

不锈钢板

混凝土基层不锈钢墙面粘贴施工三维示意图

当不锈钢墙面需要结合一些造型设计时，多采用粘贴法进行施工，如果面积略大，可以分板施工，避免安装不牢固，板与板之间可做留缝处理。不锈钢板的颜色可根据风格选择，如本案为简约风格，且使用面积较大，所以选择钨钢更适合

/ 不锈钢墙面施工验收要点 /

不锈钢饰面板以及安装辅料的品种、规格、质量、形状、色彩、花形以及线条等，必须符合设计要求。

不锈钢饰面板安装必须牢固，接缝严密、平直，宽窄及深度一致。

不锈钢饰面板表面平整、洁净、美观、色泽一致，无划痕、麻点、凹坑、翘曲，无波形折光。

不锈钢饰面板的收口条割角整齐，搭接严密无缝隙，面板与收口条搭接严密。

不锈钢饰面板接缝平整无错台错位，横竖向顺直，缝宽窄一致。

3.不锈钢与木饰面结合的装饰效果与施工方法

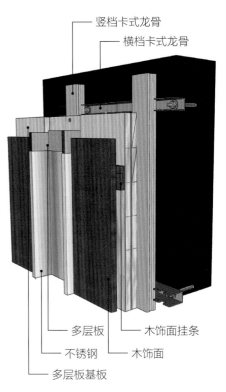

竖档卡式龙骨
横档卡式龙骨

多层板
不锈钢
多层板基板
木饰面挂条
木饰面

不锈钢与木饰面结合施工三维示意图

木饰面自然、柔和，而不锈钢则具有很强的现代感，将不锈钢与木饰面结合能够在装饰感上形成激烈的碰撞，为室内空间带来多元化的装饰效果。通常以木饰面为主，不锈钢会设计成条形或小块面，以避免给人过于冷硬的视觉感受。

① 施工流程

基层处理→定位弹线→卡式龙骨固定→安装多层板基层→安装不锈钢→安装木饰面→完成面处理。

② 注意事项

两者结合施工时，所有的木质类建材，均须涂刷防火涂料三遍，而后再使用。龙骨部分除了使用卡式龙骨外，还可使用轻钢龙骨或木龙骨，金属龙骨须做好防锈处理。

用金色的不锈钢与黑色的木饰面结合设计隔断，搭配塑料餐椅，打造出十分具有个性的装饰效果

白色的大理石与茶色的不锈钢结合来装饰背景墙，虽然仅有两种建材，但具有高级质感的建材搭配凹凸结合的造型，不会让人感觉过于简单

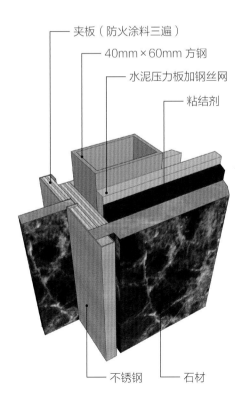

夹板（防火涂料三遍）
40mm×60mm 方钢
水泥压力板加钢丝网
粘结剂

不锈钢 石材

不锈钢与大理石结合施工三维示意图

4.不锈钢与大理石结合的装饰效果与施工方法

不锈钢与大理石都属于具有高级感的建材，两者结合设计，不仅时尚、现代，且十分具有质感。需要注意的是，它们都属于具有冷感的建材，因此如果使用的是本色不锈钢，建议小面积使用；如果是彩色不锈钢可加大使用面积。根据室内空间的面积和所追求的设计效果，可以不锈钢为主，也可以大理石为主。

① 施工流程

现场放线→基层处理→轻钢龙骨施工→板材安装→铺贴石材→安装不锈钢→完成面处理。

② 注意事项

不锈钢与木基层的黏结厚度应在 3mm 左右，当不锈钢与石材拼接高度不在一条线上时注意前后压边关系，适当预留工艺缝。在施工时，不应将不锈钢的表层保护膜撕去。

三、铝单板

铝单板一般采用 2 ~ 4mm 厚的 AA3000 纯铝板或 AA5000 等优质铝合金板制成。在室内空间中，多用于装饰顶面。

1. 铝单板的基本常识

1 简介

铝单板是以铝合金板材为基材，经过铬化等处理后，再经过数控弯折等技术成型，采用氟碳或粉末喷涂技术，加工形成的一种装饰金属建材。其涂层具有卓越的抗腐蚀性和耐候性，能抵抗空气中的各种污染物，使用寿命极长，款式多样，除了平面板外，还可以加工成带有孔洞的样式。

2 特性

重量轻，强度高。3.0mm 厚的铝单板每平方米板仅重 8kg，抗拉强度能达到 100 ~ 280N/m^2。

耐久性和耐腐蚀性好。铝单板的涂层具有优良的性能，保证了其拥有很强的耐久性和耐腐蚀性。

工艺性好。铝单板采用先加工后喷漆的工艺，可加工成平面、弧形、球面等多种几何形状，满足造型设计需求。

易于清洁保养。铝单板表面的涂层具有非黏着性，使其表面很难附着污染物，具有良好的自洁性。

施工简便、快速。铝单板由厂家直接加工成型，施工现场无须切割，直接固定在骨架上即可，施工简便且快速。

可回收再利用。与不锈钢一样，铝单板也可以 100% 回收再利用，有利于环保。

铝单板装饰的顶面，可以根据风格、配色等选择适合的颜色和图案，如果想要达到简约、百搭效果，则可以选择白色素面板

③ 分类、特点及适用范围

根据表面处理方式的不同，铝单板可分为覆膜板、滚涂板、拉丝板、纳米板、阳极氧化板五种类型。

铝单板的分类、特点及适用范围

名称	例图	特点	适用范围
覆膜板		花纹种类多，色彩丰富 耐候性、耐腐蚀性、耐化学性强 防紫外线，抗油烟，易变色	顶面
滚涂板		表面均匀、光滑，是款式最多的一种 耐高温性能佳，防紫外线 耐酸碱，耐腐蚀性强	顶面
拉丝板		平整度高，板材纯正 有平面、双线、正点三种造型 定型效果好，色泽光亮，具有防腐、吸音、隔音等性能	顶面
纳米板		图层光滑细腻，板面色彩均匀细腻、柔和亮丽 缩油，易清洁，不易划伤、变色	顶面
阳极氧化板		耐腐蚀性、耐磨性及硬度强 不吸尘、不沾油烟 尺寸精度、安装平整度更高，20 年不掉色	顶面

④ 常用参数

铝单板的常规厚度包括 2.5mm、3.0mm、4.0mm 三种，如果有特殊需要，可以加工得更薄或者更厚。表面涂层厚度为 30 ~ 50μm。

2. 铝单板吊顶的施工流程及施工工艺

在室内空间中，铝单板可用来装饰墙面，但更常用于装饰顶面，制作吊顶。铝单板顶棚具有良好的抗压性和耐用性，但是形式相对比较单一，安装时对平整度的要求较高，不适用于大面积的顶棚。

第一步：定高度、弹线

根据设计图纸在墙面上弹出顶棚的高度，其偏差不大于 ±3mm，同时弹出吊杆的位置，即吊点。

第二步：安装吊杆

根据上一步中弹线的位置以及吊杆下头的标高来安装吊杆，按主龙骨位置及吊挂间距，将吊杆无螺栓丝的一端用膨胀螺栓固定在楼板下，吊杆用 ϕ6mm 的钢筋。

第三步：安装主龙骨

根据吊杆的位置，将预先安好吊挂件的主龙骨与吊杆相连接，拧好螺母，装连接件，拉线调整标高和平直，安装洞口附加主龙骨，用连接卡固定。

第四步：安装边龙骨

选用 L 形镀锌轻钢条做边龙骨，用自攻螺钉固定在墙面上。

第五步：安装 Z 形龙骨

Z 形龙骨又名钩挂龙骨或勾搭龙骨，用自攻螺钉将 Z 形龙骨和主龙骨相接。

第六步：安装铝单板

铝单板的边缘带有钩挂，能够直接与 Z 形龙骨勾在一起，达到稳固的效果。

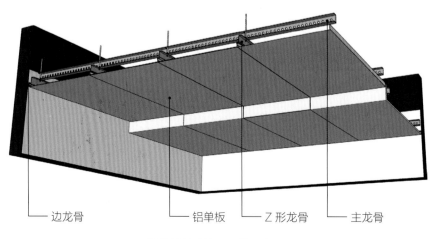

边龙骨　　　　铝单板　　Z 形龙骨　　主龙骨

铝单板吊顶施工三维示意图

铝单板吊顶色彩多样，且施工快速，因为有图层所以防潮、防腐，在住宅中多用于厨房和卫浴间中。本案设计师用白色素雅的铝单板搭配米色陶瓷砖和白色橱柜，给人简洁而干净的感觉

/ 铝单板吊顶施工验收要点 /

轻钢龙骨架和铝单板的品种、材质颜色、规格、平整度均须符合设计要求。

龙骨安装位置正确、平整，吊杆安装牢固、无松动。

铝单板应平整、光滑，颜色一致，对花正确。

铝单板之间的接缝应均匀、平直。

铝单板与龙骨连接应紧密、牢固。

铝单板表面应无污染、折缺、缺棱掉角、锤伤、脱层、漏、透、翘角等问题。

吊顶边角线与墙面之间的缝隙应小且均匀。

3.铝单板与乳胶漆结合的装饰效果与施工方法

在小面积空间中铝单板可单独用于吊顶工程中，而当室内空间的面积较大时，如一些公共空间中，铝单板常与乳胶漆饰面的石膏板吊顶相结合，以满足不同区域的功能需要，或用来丰富顶面整体的装饰层次。

① 施工流程

基层处理→定位弹线→安装轻钢龙骨基层→安装纸面石膏板→安装铝单板吊件→安装铝单板

② 注意事项

两者结合施工时，铝单板的边缘处须用铝型材进行收边，让铝板和乳胶漆衔接边缘过渡自然。

铝单板专用吊件
轻钢龙骨基层
阻燃板
纸面石膏板乳胶漆饰面
L 形铝型材
铝单板

铝单板与乳胶漆结合施工三维示意图

用铝型材将铝板周边围起来，同时两侧采用白色乳胶漆做边缘处的收边，铝单板选择了穿孔的样式，光线从小孔中隐隐透出，既保证了空间整体明亮，也柔和了光线